KB106385

고독 속에 열정을 담다

수니의 유럽, 인도 여행

고독 속에 열정을 담다
수니의 유럽, 인도 여행

발행일 2023년 10월 10일

지은이 서순희
펴낸이 손형국
펴낸곳 (주)북랩
편집인 선일영
편집 윤용민, 배진용, 김부경, 김다빈
디자인 이현수, 김민하, 임진형, 안유경
제작 박기성, 구성우, 배상진
마케팅 김회란, 박진관
출판등록 2004. 12. 1(제2012-000051호)
주소 서울특별시 금천구 가산디지털 1로 168, 우림라이온스밸리 B동 B113~114호, C동 B101호
홈페이지 www.book.co.kr
전화번호 (02)2026-5777
팩스 (02)3159-9637

ISBN 979-11-93304-48-8 03980 (종이책) 979-11-93304-20-4 05980 (전자책)

고독 속에 열정을 담다
수니의 유럽, 인도 여행

글·사진 서순희

10년간의 여행은
삶의 의미와 아름다움을
깨닫게 한 축복이었다

북랩

시작하며

10여 년 동안 혼자서 인도에서 스페인까지 여행하며 촬영한 사진, 저의 마음과 여행 이야기를 기록해두었던 글과 사진을 담아 사진집을 출간하게 되었습니다.

여행기는 제가 정한 여행 숙제였습니다. 여행기를 쓰며 또 한 번의 여행을 다녀온 기분입니다. 그리고 지금 이 책을 쓰고 준비하는 시간, 지나간 10년의 세월과 저의 인생을 돌아보는 시간입니다.

한 장 한 장이 다 소중한 저의 피붙이지만 그중에서 골라 각 지역별, 나라별로 정리해보았습니다.

한 해 한 해 변해가는 저의 마음을 담은 글들을 다시 읽으며 마음 한구석이 짠해 눈물이 핑 돌 때도 있었고요. 참 많이 외로웠구나, 그 외로움을 달래려 그동안 혼자서 여행하며 외로움을 외로움으로 치유했구나 하는 생각이 듭니다.

책의 글들은 여행 중에 저의 인터넷 카페 '힐러리 포토 여행기'에 올려둔 내용을 바탕으로 작성했습니다. 50대를 잘 보낸 후 두 번째 서른의 시작인 60대를 맞이해 제 스스로에게 주는 작은 선물로 『고독 속에 열정을 담다 수니의 유럽, 인도 여행』을 출간하게 되었습니다.

2023년 10월

음악 하는 사진가 서순희(힐러리)

추천사

음악처럼 살아가는 힐러리의 아름다운 빛그림

그녀를 처음 만난 때는 2016년 늦가을이었다. 타오르는 불꽃을 연상시키는 헤어 스타일, 몸에 착 달라붙은 매끈한 가죽점퍼. 얼굴을 덮을 것 같은 선글라스를 모습이 범상치 않아 보였다.
그녀가 외모만큼이나 평범한 인물이 아니란 사실을 알게 된 건 인터뷰를 통해서였다.
아줌마밴드, 당시 그녀는 다문화 여성들로 꾸려진 여성밴드를 이끌고 있었다. 중구이주민사회통합지원센터에서 다문화 여성들을 대상으로 기타·노래교육 봉사활동도 하고 있었다.
알고 보니 그는 2001년 우리나라 최초의 아줌마밴드를 결성한 주인공이었다. 서순희라는 순박해 보이는 이름만 그녀와 어울리지 않는 것처럼 보였다. 그녀는 영어 이름이 '힐러리'라고 했는데 그 이름이 훨씬 잘 어울려 보였다.
여고 졸업 후 효성동에서 악기사를 시작해 지금의 동인천역 '허리우드 악기사'에 이르기까지 수십 년째 생업으로 하는 악기사는 취미로 하는 것처럼 보였다.
신문기자 시절 인터뷰이(interviewee)로 만난 힐러리(서순희) 씨는 기자의 눈에 그렇게 불꽃처럼 타오르는 '열혈여성'으로 다가왔다.

7년 전, 힐러리 씨는 인터뷰 말미 이렇게 말했었다.

> "저는 인생 시기별 인생 매뉴얼에 따라 살아가고 있어요. 30대는 사진에 미쳐 살았고요. 40대는 아줌마밴드를 결성해 음악으로 살았어요. 50대는 뭘 할까 생각했는데 다문화가정과 더불어 사는 게 가장 좋겠다는 생각을 했어요. 그들은 옆에 있어 줄 사람이 필요하거든요."

그때는 흘려들었었다. 30대는 사진에 미쳤다는 말을, 인생 시기별 매뉴얼에 따라 살아 간다는 이야기를.

얼마 전 60대에 접어든 그가 새로운 도전을 시작했다는 소식을 들었을 때 비로소 그녀의 말이 떠올려졌다. 바로 자신의 첫 저서를 펴낸다는 소식이었다. 인도, 유럽을 여행하며 촬영한 사진집인『고독 속에 열정을 담은, 수니의 유럽·인도 여행』를 발간한다는 것이었다.
힐러리는 인도에서 스페인까지 10여 년 동안 혼자서 여행하며 촬영한 사진, 여행하면서 느끼고 깨달은 글과 사진을 모아 이번에 책을 출간했다.

사진을 하나하나 천천히 살펴보았다. 페이스북을 통해 그녀의 사진을 보아왔지만 사진집에 실린 사진들은 또 다른 모습으로 다가왔다.
처음 보았을 때 느꼈던 도전적인 그녀의 삶이 그의 사진집에서 펼쳐지고 있었다. 그녀의 저서에 담긴 사진들은 압축한 태양 광선만큼이나 더 강렬해진 것처럼 보였다. 역시 힐러리다웠다.
그녀의 사진은 화려하고 강렬하다. 아무리 채색을 한다 해도 물감으로는 도저히 표현할 수 없는 빛깔을 그녀의 사진은 발산한다. 그녀의 사진은 그녀만의 빛의 색깔로 그린 '힐러리의 빛 그림'이다.
힐러리의 사진은 많은 이야기를 전해준다. 풍경의 파노라마와 인물들의 표정에서 그녀의 꿈과 소망, 희로애락이 담겨있는 것처럼 보인다.
빨간색 지붕으로 뒤덮인 체코의 체스키크롬로프 마을, 붉은 의상을 입고 플라밍고를 추는 스페인의 여인, 갠지스강을 도도히 흐르는 인도 사람들에 이르기까지 발길 닿는 곳마다 그녀의 손가락 끝에서 마술 같은 아름다움이 꽃 피어난다.

영원한 '힐러리의 전기'가 될 사진집 발간을 축하하며 다음 힐러리의 도전이 무엇일까 벌써부터 궁금해진다. 그녀의 앞길에 서광이 비추길 기원한다.

김진국(전 인천시 종합매거진 <굿모닝인천> 편집장, 소설가)

“카이로스(Kairos)의 미학 : 여행을 통해 포착된 순간들”

아리스토텔레스는 “모든 여행은 하나의 경험, 하나의 사랑, 하나의 배움”이라 하였다. 이는 여행이란 단순히 어느 장소를 찾아보는 것 이상의 의미로서, 그곳이라고 특정지어지는 새로운 세상과의 만남을 통해 지식, 정보, 경험과 조우하며 삶의 두께와 깊이를 증폭시켜 인생의 풍요로움을 확장시킬 수 있는 성장의 기회를 제공하므로 경험의 보물이며, 사랑의 연결고리이며, 배움의 교과서이다.

또한, 여행은 시간의 중요성을 간과할 수 없다.
이는 단순히 장소적 의미만을 우선시하는 기존 여행의 틀이 아니라, 그 장소에서 발현되는 순간적 현상 등을 카이로스의 시간을 통해 불러내고 축적해 여행자 개개인의 특별한 경험으로 간직할 수 있다는 것이다.

“사진은 시간을 얼마나 아름답게 내포하는가”라는 물음은 사진은 순간이라는 시간적 의미를 영원하게 간직하고 이를 타자에게 전달할 수 있느냐는 의미로 해석될 수 있다. 즉, 사진은 주어진 순간에 가치를 부여하고, 사진은 이러한 시간의 가치에 대하여 강조하는 것이다.
그러므로 여행자는 그 장소에서 그 순간에 느낀 감정과 의미를 포착하기 위해서 자신만의 시간의 흐름을 탐색한다.
“순간은 영원한 시간의 축적이다” 사진가가 멈춰선 시간의 자리는 시간과 함께 사라진 과거이면서 기억의 소환을 통해 되찾는 과거이자 사진과 더불어 다시 사는 과거인 것이다.

서순희는 여행을 통해 새로운 세상과 대화를 나누고 공감한 내면의 이야기를 그녀만의 표현 방식으로 사진에 담아낸다.
장소와 시간의 의미가 합류되는 여정에서 “카이로스의 시간”에 녹아나는 여행의 의미가 그녀만의 독창적 해석 방법으로 사각형의 프레임 속에서 서술된다.

송미영(인천대학교 평생교육원 교수)

CONTENTS

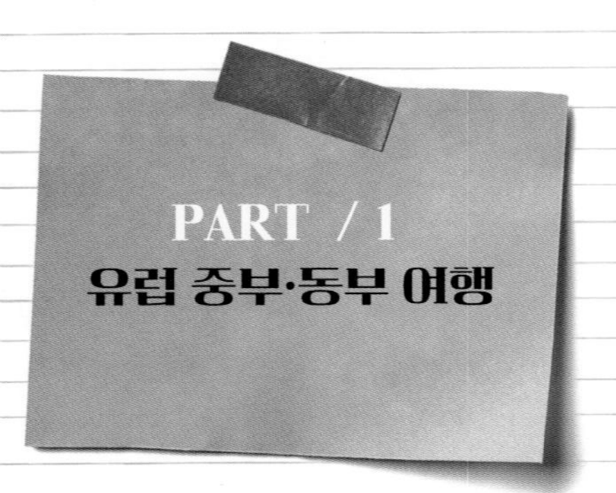

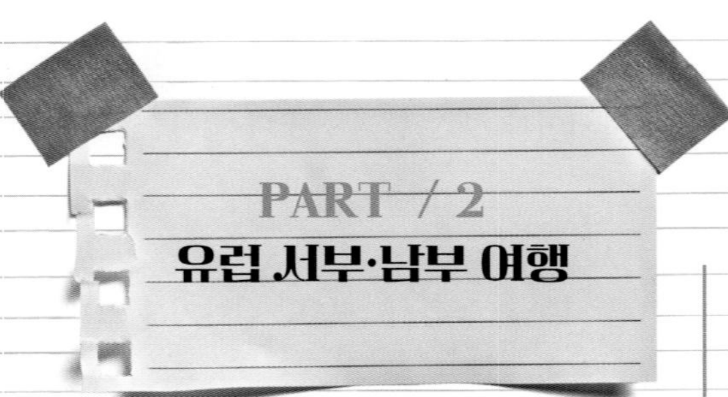

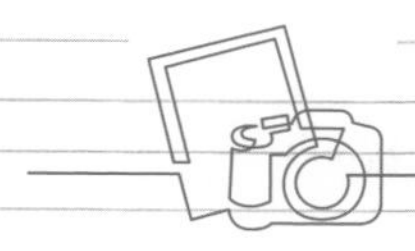

PART / 3
지중해 주변국 여행

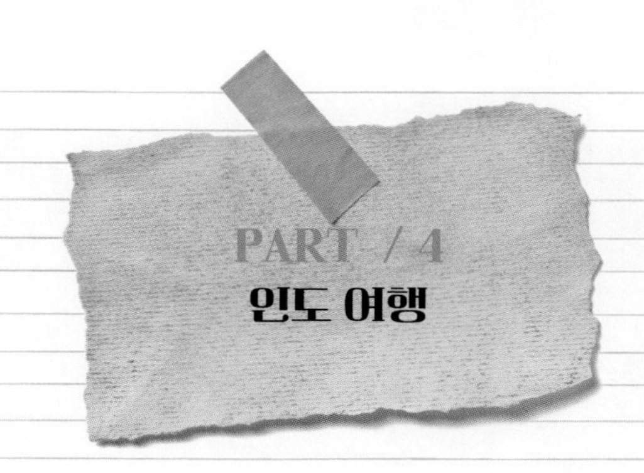

PART / 4
인도 여행

PART / 1

유럽 중부·동부 여행

출발

비행기 타고 6시간 미만의 여행을 10여 년 정도 다니다 이제는 유럽 여행을 가고 싶어졌다.

나의 첫 유럽 여행지, 동유럽.

나의 일터인 악기사를 믿고 맡길 수 있는 나의 제자가 있을 때 떠나야겠다는 생각으로 5월에 예약해두었다(도와준 나의 제자 녀석이 9월 학기에 대만으로 공부하러 갑니다).

얼마 전 읽었던 책에도 '여행은 마음이 동할 때 떠나야 된다'라는 내용이 있다. 이것 재고 저것 재면 떠나기 힘들다.

열심히 일한 당신 떠나라.
기분 좋게 출발했다.

여행은 내가 살아 있다는 존재감을 준다.
아마도 이번 여행을 다녀오면 훨씬 더 성숙된 힐러리가 되어 있을 것이라 믿는다.

다른 어떤 여행을 떠날 때보다 마음도 편안하고 외로움도 덜하다.
이번 여행의 슬로건은 '외로움에서 해탈해서 오자'다.

멋진 여행과 좋은 사진을 기대하면서 독일 프랑크푸르트로 향하고 있는 비행기 안에서 이 글을 적는다.

2014년 6월 14일 힐러리

오스트리아

— Austria —

오스트리아 할슈타트 마을

매일 이 풍광을 보시는 주민들은 지상낙원이라 부를 만큼 아름다운 곳에서 사는 것의 소중함을 아실까? 잠시 머물렀지만 부러울 뿐이었다.

오스트리아 할슈타트 마을

할은 '소금', 슈타트는 '도시' 또는 '마을'이란 뜻이다.

관광객이 너무 많아 여유롭게 즐길 수 없는 아쉬움이 남았지만 아름다운 풍광만 마음에 담았다.

이곳에 거주하는 주민은 1,000명 내외다. 정말 아름다운 마을인데 관광객이 너무 많아 아쉬웠다. 아침 일찍 사람들 없을 때 산책하면 너무 좋을 것 같다. 집들도 너무 아름다웠고 내가 방문한 날은 가톨릭 행사가 있어 광부 악단과 어린이, 어른 할 것 없이 전통 의상을 입고 행진하는 좋은 구경을 할 수 있었다.

전통복을 입고 행진하는 주민들

가톨릭 행사. 마을 주민들이 모두 모인 것 같다.

잘츠캄머구트

사운드 오브 뮤직의 잘츠캄머구트

▲ 20분 정도 케이블카 타고 올라가며 내려다본 잘츠캄머구트은 너무 아름다웠다. 올라가는 중간중간 카페가 있어 시간 여유만 있다면 걸어 올라가며 망중한을 즐기면서 차 한잔하면 신선이 따로 없겠다는 생각이 든다.

정상에서 만난 사우디에서 여행 온 가족. 엄마, 이모, 언니, 조카까지 여자들만 여행 왔다. 두 자매가 어찌나 밝던지, 노란색 니캅을 두른 아가씨는 "안녕하세요" 등 한국말도 곧잘 했다. 한국 드라마와 노래에서 배웠다고 한다. 한국의 제주도도 와보았고, 4개 국어를 할 수 있다고 한다.

눈이 너무 예쁘다고 하니까 얼굴에 쓰고 있는 니캅을 벗어서 얼굴을 보여주었다. 사진 촬영해도 되냐고 하니 안 된다고 한다.

아마도 여행의 참맛을 아는 여유로운 가정 같았다. 이곳에 있다가 스위스로 가 일주일 정도 있다 간다고 한다. 이름을 알려줬는데 메모를 하지 않아 잊었다.

'사운드 오브 뮤직'의 촬영지에서 즐거운 추억을 만든 시간이었다.

▲ 편안하게 올라온 것에 감사한다.
걸어서는 도저히 못 올라올 고도 정상의 표지판이다.

▲ 케이블카 타고 산에 오르기 전 들렀던 잘츠캄머구트 마을의 모습이다.

▲ 볼프강 아마데우스 모차르트 생모가 살았던 집. 오스트리아는 곳곳에 모차르트의 흔적만 있어도 관광지다.

유람선을 타고 시원한 강바람 맞으며 예쁜 집들을 보면서 행복한 시간. 먼 훗날 나도 저 푸른 초원 위에 아름다운 집을 짓고 한가하게 노년을 보내고 싶다고 생각하며 그림 같은 집들을 마음과 사진에 담았다.

사랑하는 여인에게 바친 미라벨 정원

미라벨 정원

볼트디트리트 대주교가 사랑하는 여인 샬로메이트를 위해 만들어준 궁전. '사운드 오브 뮤직'에서 여주인공 마리아가 아이들과 함께 '도레미송'을 불렀던 곳으로 알려져 더욱 유명해진 장소다.

▲ 아주 멋지고 세련된 남성분이 보기 좋아 내 카메라로 담아 왔다.

▲ 미라벨 정원 건물 벤치에 앉아 있는 분들. 어느 곳을 보고 있을까. 중년 부부 한곳을 응시하며 다정해 보인다. 노부부 남편을 기다리는 부인.

혼자 찾아간 게트라이트 광장

▲ 미라벨 정원에서 가이드랑 헤어져 혼자서 구시가지 게트라이트 광장까지 사람들에게 물어물어 찾아가며 촬영한 사진이다.

▶ 게트라이트 구시가지 광장에서 비 오는 와중에도 신중하게 체스를 즐기는 두 청년의 모습이 보기 좋았다.

▲ 다른 일행분들은 호헨짤츠부르크 성에 올라가고 나는 이곳에서 무사히 광장에 도착한 후 편한 마음으로 혼자 일행을 기다리며 사진으로 스케치했다. 고풍스러운 문에서 나오시는 여인과 건물의 탑과 하늘이 잘 어울려 촬영한 사진이다.

지구 모양 위에 서 있는 소년

위에 보이는 성은 1077년 게브하르트 대주교가 창건한 중세 고성, 호헨짤츠부르크 성이다. 묀히스베르크 언덕에 있으며 높이는 120m이고 짤츠부르크의 상징으로 일컬어진다.
나는 미라벨 정원에서 사진 촬영하다 혼자 떨어져 아래에서 아쉬움을 가득 안고 올려다보기만 했다.

멜크 수도원

2000년에 유네스코의 세계문화유산으로 지정되었다. 지금도 수도사가 거주하며(수도사와 학생은 보지 못했다) 14세기 때부터 지금까지 가장 오래된 멜크 중고등학교가 있어 900여 명의 학생들이 공부하고 있다.

▲ 멜크 수도원 정문

▲ 멜크 수도원의 계단 위에서 내려본 계단의 모습이 아름다워 사진에 담았다.
직선으로 가기보다는 돌아서 가도 목적지는 오겠지. 좀 멀기는 해도 아름다운 세상 많이 보며 가는, 돌아가는 목적지도 나쁘지 않을 듯하다.

▲ 움베르토 에코의 원작 소설 『장미의 이름』으로 숀 코너리가 주연을 맡아 영화를 촬영한 도서관.

▲ 멜크 수도원의 아름다운 성당 내부

오스트리아에서 이틀째 여행하는 날. 7시간의 시차 적응이 됐는지, 아니면 어제 너무나 힘들게 강행을 해서인지 꿀잠을 자고 5시에 일어났다. 아침을 맛있게 먹고 다른 지역으로 출발하기 전 약간의 여유 시간이 있어 편안하게 침대에 앉아 지금의 내 기분을 적어본다.
창밖으로는 비 오는 소리가 들리고 하늘은 낮게 드리워져 있어 호텔 방 창문을 통해서 비추어지는 밖의 전경은 그저 한적한 시골 마을. 외국에서 나 홀로 센치한 감성에 젖어보는 시간. 그래도 마음은 편안하고 한가함을 느끼는 행복한 아침이다.

멜크 수도원에서 본 마을 전경

유럽 여행을 하다 보면 지역을 옮길 때마다 현지 가이드가 나와 설명한다. 오스트리아 남성과 결혼한 한국 여성 가이드다. 멜크 수도원 실내에서 어찌나 자세히 설명을 해주시는지, 역사를 자세히 배울 수 있었다.

비엔나 전통 호리이게 음식점

이번 여행을 하며 나를 딸처럼 잘 보살펴준 부산 어머니. 딸과 손녀와 함께 여행 오신 '부산 아지매'인데 포스가 넘치시는 멋쟁이다. 지난 1월 부산에서 광안대교를 촬영하며 다리 건너 멋진 아파트가 있어 저곳에 사는 사람들은 좋겠다 했는데, 바로 그곳에 사신다며 언제든지 놀러 오면 반겨주신다고 한다.

▲ 호리이게 식당을 방문한 유명 인사 사진

쉔브른 궁전과 정원

쉔브른 궁전은 합스부르크 왕가의 여름 별궁이다. 우아한 로코코 양식으로 지어졌다. 현지 가이드의 설명을 듣기는 해도 반의 반밖에 이해가 안 됐다. 여행은 역시 '아는 만큼 보인다.' 여행에서 돌아가면 세계사 공부 좀 해야겠다.

▲ 쉔브른 궁전의 아름다운 정원. 프랑스 베르사유 궁전의 정원 모습을 보고 조성했다. 베르사유 궁전의 정원보다 규모는 작아도 비슷하다.

궁전에는 약 1천 400여 개의 방이 있다. 각 방들은 눈부시게 화려하다. 마리아테레자 여제가 손수 꾸민 화려한 방, 중국식으로 꾸며진 방, 도자기 방, 금실로 만들어진 침대 등 이루 말할 수 없는 화려함의 극치다.

이곳에서는 절대 내부 사진 촬영이 금지되어 눈으로만 담아 왔다. 사실 사람에 치여 정신이 없었다.

모차르트의 성지 슈테판 성당과 비엔나

오스트리아에서 가장 오래된 고딕 양식 건축물로, 모차르트의 결혼식과 장례식이 거행된 성 슈테판 성당의 내부 전경.

천재 음악가 볼프강 아마데우스 모차르트. '아마데우스' 영화에서 마지막 미완성의 곡 '진혼곡'이 울려 퍼지며 음산한 분위기의 공동묘지에 35세의 젊은 나이 모차르트의 시신이 내던져지는 장면이 떠오른다.
모차르트로 인한 오스트리아 관광 수입이 상상 초월일 듯하다.

2021년 12월 24일에 나도 세례를 받았다. 여행할 때 나의 종교가 가톨릭이었으면 훨씬 마음에 와닿았을 텐데….
나의 세례명은 힐러리이며 영어 이름도 힐러리다.

◀ 성당의 실내 모습이다.
동양인 부부. 어느 나라 분인지는 모르겠지만 가톨릭 신자인지 초를 올리시는 모습이 경건해 보인다.

▲ 버스에 탑승하려고 나오는데 우산을 들고 있는 동상이 있어 '뭐지?' 했다. 행위 예술인이다. 장난기가 동해 모금함에 약간의 기부를 하고 행위 예술인의 우산을 내가 들고 같은 포즈를 취해봤다.

▲ 비엔나 시내 거리에서 버스킹을 하는 여가수. 앰프가 없이 생으로 노래를 해 잘 들리지 않았다.
내가 음악을 해서 그런지, 여행하면서 음악 하는 친구들을 만나면 그냥 지나치지 않게 된다.

▲ 오스트리아의 악기사. 그냥 갈 수가 없었다. 가격도 비교해보고, 무얼 판매하나 보았다.
문을 닫아 들어갈 수는 없었지만, 악기사 규모나 악기 종류 면에서 내가 운영하는 허리우드 악기사가 악기도 다양하고 규모도 크다.

슬로바키아
— Slovakia —

보헤미안의 도시 브라티슬라바

▲ 고즈넉하고 소박한 분위기를 느끼게 하는 슬로바키아의 수도 브라티슬라바. 이름도 생소하다.

이번 일정에 처음으로 넣은 곳이어서 가이드도 처음 오는 곳이라고 한다.
나는 속으로 쾌재를 불렀다. 내가 원하는 여행지가 바로 이런 곳이야! 관광객이 많지 않으며 한적하고 고풍스러운 건물들. 슬로바키아의 수도라고는 하지만 아주 소박한 도시 브라티슬라바다.
내가 좋아하는 사진 소재 또한 무궁무진하다. 자유시간도 충분히 주어져 혼자서 구석구석 돌며 카메라 셔터를 열심히 눌렀다.

▲ 빨간 차를 타고 시내를 관광한다. 나는 못 탔다.

▲ 반려견을 데리고 산책 나온 여인을 보며 집에서 목 빼고 나만 기다릴 다미 생각이 난다.

▲ 화보 촬영하는 장소로 좋을 것 같아 내 사진 촬영해줄 사람을 기다렸다. 10대 남자아이들 몇 명이 지나가길래 카메라 넘겨주며 내 사진 한 장 남겼다. 사람이 거의 다니지 않는 곳에서 겁도 없이 꽤나 비싼 카메라를 넘겨주다니, 그래도 좋은 사람들이 더 많다.

여행 4일째 날. 어제는 정말 음산한 분위기의 호텔 방에서 하룻밤을 보냈다. 침대 하나 덩그러니 놓여 있고, 화장실에는 샤워 시설과 변기만 있고, 세면대는 방 안에 있고, 카펫트 색상은 푸른색과 빨간색, 거기에다 뻥 뚫린 아래층 식당. 방 옆이 바로 로비의 입구이며 테이블이 있어 사람들이 왁자지껄. 게다가 중국인 관광객들이 함께 투숙해서인지 시끄러웠다.

나는 혼자여서 요금을 내고 혼자 방을 쓰는데 일본 여행할 때도 돈은 다 내고 혼자여서인지 다락방을 주었다. 미국 서부 영화나 공포 영화 보면 음산한 분위기의 싸구려 호텔 방(말만 호텔이다. 저가 여행사여서 그렇겠지 해도 좀 심하다).

무서움과 음산함을 떨쳐버리려고 비엔나에서 구입한 옷이며 목걸이를 입어보고 걸어보고 하다가 억지로 잠을 청했다. 정말 무서움 별로 안 타는데 무섭고 음산한 하룻밤이었다.

사진 속의 검정색 가디건, 스카프, 목걸이는 비엔나에서 구입한 것이다.

앞으로 이러한 상황이 발생하면 확실하게 가이드한테 방 바꾸어달라고 말을 해야겠다.

▲ 천국으로 들어가는 문이라는 제목을 지어 봤다. 검은색 터널을 지나면 파란 하늘이 있는 신세계가 펼쳐질 것 같다. 건물들이 참 예쁘다. 날씨도 너무 좋고 내가 좋아하는 사진 소재도 많다. 이곳에서 오래 있고 싶다.

▲ 한적한 길을 걸어가는 정비사 아저씨의 빨강색 유니폼 상의와 건물의 지붕색이 조화를 이루어 예쁜 작품사진이 만들어졌다.

◀ 사진 속 여인의 남자 친구인 듯한 분이 캐논 카메라로 사진 촬영하길래 내 사진도 한 장 촬영해달라고 내 카메라 넘겨주며 인증샷 한 장 찍었다. 여자 친구냐고 하니 멋쩍어하며 개인 사진 촬영하러 나온 고객이라고 한다. 여자분하고 한참 이야기하고 서로 짧은 추억을 남겼다.

▶ 브라티슬라바에서 만난 거리의 악사. 굴다리 아래서 버스킹을 하는 악사분을 만나 약간의 기부를 하고 여러 장의 사진을 촬영할 수 있었다. 악사분이 잘 협조해주셔서 마음에 드는 사진이 됐다.

헝가리

— Hungary —

부다페스트

헝가리 겔레르트 언덕에서 바라본 부다페스트다. 다리를 중심으로 오른쪽은 부다, 왼쪽은 페스트. 부다는 '도시', 페스트는 '물'이란 뜻이다.

▼ 어부의 요새 스탈린이 만든 소녀상. 소녀라고 하기엔 너무 건장하다. 소녀가 바라보고 있는 곳은 모스크바. 소녀가 들고 있는 것은 종묘 나뭇잎 동상이며 높이는 14m다.

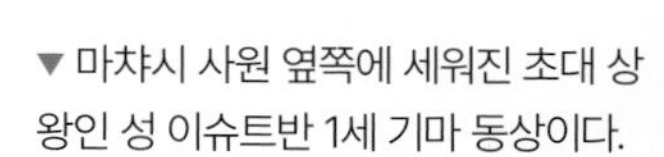

▼마챠시 사원 옆쪽에 세워진 초대 상왕인 성 이슈트반 1세 기마 동상이다.

▲ 헝가리 왕궁을 지키는 근위대. 옆에서 사진을 촬영해도 꿈쩍하지 않는 멋진 녀석들이다. 우리나라 청와대에도 일반 시민이 가까이 접근할 수 있는 건가.

다뉴브강에 비친 헝가리 야경

바로 이곳 다뉴브강이 2019년 5월 유람선 침몰 사고로 한국 관광객들의 생명을 앗아 간 곳이다. 방송을 통해 사고 소식을 들으며 남의 일 같지 않았다. 이렇게 아름다운 곳에서 참담한 사고가 일어났다.

▲ 노벨상 수상자를 18명이나 배출한 유명한 대학이다.

▲ 최초의 체인 다리. 5월 말쯤에는 9시 30분이 넘어야 해가 지기 시작한다. 해가 저물어가는 사진. 해가 넘어가고 조명이 들어온 다리 사진이다.
유람선 타고 다뉴브강을 스케치하며 촬영한 사진이다.

▲ 세계 3대 야경인 부다페스트, 파리, 프라하의 야경. 부다페스트의 야경은 유네스코에서 지원한다.

부다페스트 시내. 이곳에서 자유 시간이 주어져 혼자서 이곳저곳을 둘러보다 과일이나 사볼까 하고 슈퍼에 들어갔다. 그런데 이곳에서는 유로화가 통용되지 않고 헝가리 화폐만 사용되었다.
과일을 사고 와인이 있어서 그중에서 가격이 비싼 것을 골라 이거 유로화로 얼마냐 물어보니 웬걸, 3유로니까 대충 우리나라 돈으로 4,500원. 너무 싸서 3병을 샀다. 여행하는 동안 혼자서도 마시고, 저를 신경 써주신 부산 어머니와 자상하신 두 자매 언니분과도 함께 마셨다.
이틀 밤은 자매 언니 방을 방문해 와인 마시며 이런저런 인생 이야기를 나누었다. 한국 돌아온 다음에도 인연이 되어 나에게 좋은 추억을 만들어주셨다. 요즘도 카카오 스토리에 사진 올리거나 제 소식 전하면 꼭 글을 달아주시는 언니분들이다.

▲ 헝가리에서 폴란드 넘어가는 버스 안에서 예쁜 건물이 있어 촬영했다.

여행 5일째. 이번 여행을 하면서 처음으로 5시 넘어서 눈을 떴다.
폴란드로 이동하는 차 안에서 보았던 영화 'Gloomy Sunday'. 영화를 다 보고 예전에 많이 들었던 올드팝을 차 안에서 틀어주었는데 노래와 평화롭고 화창한 밖의 풍경과 잘 매치가 된다. 기분도 센치해지고 마음도 편안하고 행복함을 느끼며 달리고 있다.
여행의 즐거움 중에 하나, 차창을 통해 펼쳐진 아름다운 풍경. 파란 하늘과 평화로운 밖의 풍경을 보며 바쁘고 칙칙한 회색빛의 도시에서 벗어나 무념무상으로 달리는 차에 나의 몸을 맡기고 가는 이 기분.
행복이 별거 있나. 순간순간의 작은 것에 행복을 느끼면서 사는 거지. 차로 이동하는 중 메모하는 글이다.

폴란드

— Poland —

소금 광산

지하 135m까지 내려가는 소금 광산. 내려가면서 계단을 세어봤는데 중간에 잊어버렸다.

올라갈 때는 엘리베이터를 타고 간다. 환기도 잘 되어 있다. 곳곳을 돌아보며 이곳에서 일했을 광부들을 생각하면 마음이 아프기도 했고 경이롭기도 했다.

지금은 채광은 안 하고 관광지로만 활용한다.

▲ 광산에서 일하시는 광부들이 미사를 올리던 성전이다.

소금 광산 내에 있는 성당. 힘든 일상에서도 무사하게 하루를 보낼 수 있게 해달라고 간절히 기도하며 감사드렸겠지.

▲ 성당의 제단 모습이다.

▶ 샹들리에가 참 아름답다.

◀ 채광 당시 소금 광산에서 일을 했던 말들. 큰 말은 가지고 내려오기가 힘들어 어린 말들을 가지고 와 이곳에서 키웠으며 이곳에서 생을 다했다 한다. 빛을 보지 못해 말의 눈이 모두 멀어 보이지 않았다. 강아지를 기르고 있어 정말 마음이 아프다. 어쩔 수 없는 운반 수단으로 사용된 말이지만, 지금 풍요로운 이 시대에 살고 있다는 것에 감사할 뿐이다.

◀ 전직 광부셨고 지금은 소금 광산의 현지 가이드로 일하시고 있다. 어린 시절 많이 했던 실뜨기를 부산 어머니 손녀한테 해보라고 한다.

가슴 아픈 사연의 유대인 수용소 아우슈비츠

▲ 수용소 정문이다.

▶ 유대인 수용소 건물이다.

▲ 유대인을 학살하던 가스실의 모습이다.

오늘의 첫 방문지 아우슈비츠 수용소

인간 세상에서 도저히 일어나서는 안 될 잔학상을 보고 마음이 너무 아팠다. 공식적인 집계상 110만 명이 학살되었다고 하는데 알려지지 않은 숫자까지 합하면 200만은 족히 된다고 한다. 앞서 사진에 있는 건물들이 그때의 아픔을 전시해놓은 곳이다.

마음이 아팠던 하루. 어느 책에서 본 글이 생각난다.
유대인들이 가스실에 불려가면서도, "잠깐만요, 내가 가꾸고 있던 이 채소를 마저 손질하고 갈게요."
인간은 이런 존재인가 보다.

그곳에 있던 사람들은 두둥실 떠 있는 저 하늘의 뭉게구름이 얼마나 부러웠을까?
그래도 희망은 있었겠지.

▶ 이곳에는 독일의 학생들이 많이 방문해 역사의 슬픔을 체험하러 온다.

낭만과 사랑 체코의 프라하

◀ 다양한 악기를 혼자서 연주하시며 음악을 즐기시는 모습. 옛날 우리나라에서도 동동 구르무 팔면서 큰북에 심벌즈 달아서 함께 연주하는 모습이 연상된다.
가끔 악기사에 품바 하시는 분들이 옛날 악기 만들기 위해 대북과 심벌을 구입하러온다.

◀ 사진 촬영하는 나의 그림자가 있다.

▲ 프라하 광장. 자유롭게 다양한 자기들의 장기를 발산하며 즐기는 시민들.

▲ 세계적인 공통 언어 음악. 음악이 있는 곳엔 사람들이 자연스럽게 모인다.

▶ 천문 시계탑. 정각에 종을 치면 사람들이 어찌나 많은지 사진 촬영하기가 힘들다.
조금 지난 4시 15분엔 천문 시계의 얼굴을 제대로 볼 수 있었다.

▲ 프라하의 구시가지 광장. 『프라하의 봄』이란 소설책을 읽은 적이 있다. 이 소설은 영화로도 만들어졌다. 시민혁명이 일어났던 바로 그 장소 프라하 광장이다.

어울리지 않을 것 같은 악기의 조합 바이올린과 아코디언, 그리고 카혼.
옆의 빨간색 바지 입은 친구가 함께 클라리넷 연주를 했다. 급히 식당으로 가느라 그 사진은 못 담았다.
얼마 안 되는 돈을 바이올린 케이스에 넣어주고 관심을 보여주니까 자기들의 곡 CD를 구입해달라고 한다. 그냥 여기서 듣기만 하겠노라 했더니 나에게 CD 한 장을 선물로 주었다.
가지고 와서 들어봤는데 그다지 나의 취향은 아니지만 독특한 장르의 빠른 비트의 음악이었다. 열정을 가지고 자기들이 좋아하는 세계에서 열심히 하는 모습에 박수를 보낸다. 빨리 오버로 나가 대성하길 바랄 뿐이다.

프라하 구시가지 안에 있는 식당에서 저녁 식사 후 나는 가이드한테 이야기하고 미리 나와 이곳저곳 둘러보았다. 현악기 전문점인 듯한데 들어가서 구경은 안 하고 윈도우에서 스케치만 했다. 내가 운영하는 악기사가 현악기 전문도 아니고, 이곳은 커스텀 샵 같아 보인다.

프라하의 야경

FRANZ KAFKA
PRAGUE BOATS

2년 전 홍콩 여행하며 아름다운 야경을 촬영하다 20분 늦게 도착해 함께하신 일행분들한테 한 소리 듣고 "죄송합니다. 제가 노래 한 곡 할까요" 하며 잘 넘어갔던 생각이 났다.
내가 이 사진을 촬영한 시간은 밤 10시 넘은 시간이다. 홍콩의 야경은 도시적이고, 프라하의 야경은 고풍스럽고 멋스럽다. 어떤 말을 더해도 표현이 아깝지 않다. 이렇게 멋진 야경을 혼자 보고 있는 게 아쉬울 뿐이었다.
사랑과 낭만이 깃든 곳 까를교. 연인들이 낭만과 추억을 만드는 프라하. 막냇동생도 신혼여행을 이곳으로 왔다. 개인적으로는 사람들도 너무 많았고 복잡해서 헝가리가 더 좋았다.
자유여행으로 다시 한번 와서 사랑하는 사람과 함께 손을 잡고 까를교도 걸어보고 낭만과 사랑을 속삭이는 시간… 과연 그날이 올지 기대해본다.

빨간색 지붕 마을 체스키크룸로프

누구나 같은 마음이겠지만 이곳에서 정말 살고 싶다.

오늘 여행지는 체스키크룸로프 구시가지 여행. 한국에서 출발하기 전 가장 기대했던 여행지다. 1993년에 세계문화유산에 등재되어 많은 관광객에게 사랑받는 곳이다.

RESTAURA
TERASA
PIZZA
HOTEL BA

▲ 너무도 아름다운 마을. 하늘과 잘 어울리는 파란색 모자를 쓴 잘생긴 여행객을 모델로 촬영했다. 이렇게 아름다운 마을에서 사는 주민은 얼마나 좋을까?

▶ 유럽 여행 다니다 보면 대형견을 기르는 분들을 많이 볼 수 있다. 다른 사람들은 사진 촬영하는 나에게 관심이 없는데 견공만이 카메라를 의식하고 있다.

◀ 체스키크룸로프 마을 산 위에 있는 건물이다.

▶ 체스키 여행하고 돌아가는 길에 덩치 큰 아저씨가 하얀 벽에 기대 담배 피우는 모습이 멋있어 사진에 담는데 촬영하는 나를 의식하고는 먼 곳을 바라보고 있었다.

체스키크롬로프는 나를 실망시키지 않았다. 유럽풍의 멋진 풍광을 나에게 선물해주었다. 빨간색 통일된 지붕의 고풍스럽고 아기자기한 건물들. 왠지 내가 중세로 돌아간 느낌이었다. 나에게 멋진 사진을 선물해주고 눈과 몸을 힐링하게 해준 행복한 시간. 빡빡했던 일정 속에 제일 여유로웠던 자유 시간. 바쁜 와중에도 여행을 떠나는 이유다. 나를 찾고 행복한 마음을 한가득 안겨주기 때문에 나는 떠난다.

독일의 테네스버그

▲ 체코에서 독일로 넘어온 조용하고 작은 마을. 동유럽 여행의 마지막 밤을 보내는 숙소가 있는 마을이다.
집 텃밭의 체리나무에 열매가 주렁주렁. 저녁 시간에 산책 삼아 한 바퀴 돌아보았다.

▲ 독일의 마을에 도착하니 빵 굽는 냄새가 코를 자극했다.

식사 시간 때마다 저를 챙겨주시고 함께 산책하며 좋은 이야기도 많이 해주신 부산 어머니. 가이드가 언니는 부산 어머니한테 어떻게 했길래 가족처럼 잘 챙겨주느냐고 하길래, 예쁜 짓을 하면 예쁨을 받는다고 했다.
여행하는 동안 저에게 잘해주신 부산 어머니께 다시 한번 감사드린다.

독일의 구도심 로텐베르그

Goldener
Hirsch
Gästehaus

LANDWEHR-BRÄU
am Turm
BRAUEREIAUSSCHANK

▲ 아기자기하게 꾸며진 상점들의 모습이다.

LAVAZZA

▲ 아이까지 온 가족이 자전거 여행을 하고 있다. 씩씩하고 건강한 가족의 모습.
자전거는 초등학교 이후로 타보지를 못했다.

▲ 집에서 나를 기다리는 다정과 다미, 나의 강아지를 생각하며….

유럽 중동부 여행을 마치며

8박 9일 동안 모든 일정을 마치고 프랑크푸르트 암마인 공항에서 저녁 7시에 출발, 나의 보금자리 인천으로 돌아간다.

이번 여행에서는 무엇을 채워가는 걸까. 모든 걸 비우고 가는 것이 이번 여행에서 채우고 가는 것인가. 빡빡하게 돌아본 8박 9일의 일정, 아쉬움은 없다.

이제는 이런저런 걱정이 된다. 또 나의 일터 인천으로 돌아가 열심히 일하고 일상으로의 복귀. 이제는 슬슬 나의 일상이 그리워진다.

내 삶의 숙제인 여행. 또 한 편의 멋지고 즐거운 동유럽 여행의 숙제를 마치고 마음을 가볍게 비우면서 또 다른 여행을 기약하며 이번 여행을 정리해본다.

2014년 6월 26일 힐러리

P.S.

암마인 공항에서 탑승을 기다리고 있는데 베테랑 연 가이드님 나를 부른다. 공항 라운지 홀에 둘이 들어갈 수 있으니 함께 가자고 한다.

한 번도 가보지 못한 라운지 홀. 라운지에서 먹는 것은 모두 공짜다. 와인도 골고루 마시고 과일도 먹고, 1시간 동안 편안하게 쉬고 나왔다.

이곳에서 골고루 마신 와인 덕분에 돌아오는 비행기에서 푹 자면서 올 수 있었다.

PART / 2

유럽 서부·남부 여행

출발

기나긴 겨울을 지나온 듯한 2015년의 상반기를 보내며 또 다른 나를 느낄 수 있는 내 삶의 숙제를 위해 떠나는 서유럽 여행.

10대 때는 사춘기를 겪는다. 하지만 나는 철이 일찍 들어 사춘기는 모르고 지나갔고, 그보다 더 힘든 50대의 갱년기를 지나고 있는 것 같다. 인생 선배님들이 말씀하시길, 누구에게나 찾아오는 인생 황혼기의 홍역이라 하지만 갱년기의 아픔을 쉰셋의 나도 겪고 있는 듯하다.

작년 12월에 걸린 감기가 좀처럼 낫지 않더니 몸과 마음 모두 열정의 힐러리를 약하게 만들어버린 것 같다.
지나온 시간, 그리고 앞으로 다가오는 미래의 시간 모두 스쳐 지나가는 순간이라 느껴진다. 살아온 인생의 허무함은 없는데 괜시리 슬퍼지고 의욕이 상실되고 재미난 것도 없고 그렇다.

이번 서유럽 여행은 나약해져가는 나의 마음을 다잡으며 열정의 힐러리로 다시 태어나는 힘이 되어주는 여행이 되길 바란다.
그리고 돌아오는 비행기 안에서는 서유럽 여행을 회상하며 조금은 설레이고 행복해진 마음으로 돌아오고 싶다.

2015년 6월 28일 파리로 향하는 비행기에서 힐러리

루브르박물관

▲ 루브르박물관 외부 전경이다.

▲ 루브르박물관에서 나폴레옹 그림을 감상하는 관객의 모습이다.

◀ 잔다르크, 내가 닮고 싶은 여인상이다.

미술 지식이 부족하기도 하고, 세계에서 오신 많은 관광객으로 북새통이란 표현이 어울릴 정도다. 관람객들이 많아 정신도 없었지만 사실 나의 여행 취향은 아니다.

세계 3대 박물관 중 하나인 루브르박물관. 225개의 방에 약 30만 점의 작품들을 전시하고 있다.

원래 요새로서 설계된 루브르박물관은 리슐리외관, 셜리관, 드농관 3개의 전시관이 중앙의 피라미드형 입구로 연결되어 있다. 처음 피라미드 입구를 만들 때는 외관과 안 어울린다는 혹평이 있었는데 지금은 루브르의 상징적인 조형물이다.

▶ 루브르박물관 실내 모습. 의자에 잠시 앉아 쉬고 있는 여인이 창가의 햇살에 비친 모습이 아름다워 사진에 담았다.

▲ 밀로의 비너스상. 가이드로부터 많은 조각과 명화들에 대한 설명은 들었지만 기억이 나지 않는다. 기억나는 것은 모나리자 그림, 조각, 잔다르크 그림뿐이다. 내가 자유여행을 떠난다면 미술관과 박물관은 가지 않을 것이다.

나폴레옹이 사랑했던 퐁텐블로 성

▲ 햇살이 어찌나 뜨거운지 그늘만 있으면 시원한 곳을 찾았다.
퐁텐블로는 성이나 숲을 일컫는 말이다. 나폴레옹이 가장 사랑했던 궁이다.

◀ 루브르박물관 관람 후 파리에서 1시간 차로 이동해 도착한 곳. 파리 시내의 루브르박물관의 혼잡함은 없고 관광객이 많이 찾지 않는 곳인지 한적하고 멀리서 바라본 왕국 모습도 예쁘다.

퐁텐블로 궁의 화려한 실내

박물관 내부에는 나폴레옹과 조세핀이 사용했던 용품들이 모두 전시되어 있다. 너무도 화려한 모습에 소박함을 추구하는 우리나라의 전통과 비교하게 된다.
158cm 작은 체구를 가진 나폴레옹의 대단함을 다시금 느끼게 한 퐁텐블로 성이었다.

밀레의 바르비종

바르비종. 가난한 화가 밀레가 만종을 그려 유명해진 지역이다. 끝없는 밀밭이 이어진 곳으로 지금은 부자들이 모여 사는 마을이다. 집값은 10억 원 이상의 고가이며 일본 천왕이 이곳에 와서 쉬고 간 호텔이 있어 유명하다.

우리가 방문한 날은 월요일이라 상가 문들을 모두 닫아 한가하게 바르비종의 거리를 걸어볼 수 있었다. 뜨거운 햇살을 피해서 걸으며 중간에 문 열어놓은 아이스크림 집에서 시원한 아이스크림 하나씩 들고 잠시 더위를 식혀보았다.

▲ 바르비종의 구시가지 거리. 10억 이상 하는 집들의 대문이다. 이렇게 고풍스럽고 한가한 시골집에서 살면 좋을 것 같기는 하다.

파리의 랜드마크 에펠탑

에펠탑은 1889년 구스타프 에펠이 만국박람회를 기념하기 위해 설계한 탑이다. 에펠탑은 총 324m의 높이로 115m 지점에 2층 전망대가 있다.

우리는 레일식 엘리베이터를 타고 1층 전망대에 도착했다. 1층 전망대에 도착하자 넓게 펼쳐진 파리 시내를 한눈에 조망할 수 있었다.

파리시 안에는 37개의 다리가 있다. 400년 전에 만들어진 퐁네프 돌다리, 미라보 다리, 알렉산더 3세 다리 등.

배 타고 지나가면서 설명을 들어 기억도 안 난다.

세느강 야경

화려한 조명으로 꾸며진 야간의 에펠탑을 바라보며 조형물의 경이로움을 느낄 수 있었다. 작은 파인더로 보이는 카메라로 담기보다는 그 거대한 탑의 웅장함을 마음과 나의 기억에 담기 위해 그저 바라보면서 유람선에 나의 몸을 맡기고 행복한 시간을 보냈다.

한가하게 세느강변에 삼삼오오 모여앉아 유람선 보며 손도 흔들고 담소도 나누며 자유롭고 편안하게 젊음을 즐기는 강변의 사람들을 보면서 나 혼자서 바라보는 세느강 야경.

만약에 좋은 사람과 함께해서 둘이 바라보는 저 멋지고 낭만적인 세느강 야경은 나에게 어떤 감성으로 느껴질지 잠시 생각해보았다.

▲ 오후 10시 30분 유람선에 미리 탑승하신 관광객들. 너나없이 휴대폰을 들고 사진 촬영하기에 바쁘다.
늦게 도착한 우리는 자리 잡기가 힘들었다.

긴 기다림 끝에 입장한 베르사유 궁전

두 시간에 한 번씩 깨곤 했지만 어제는 피곤했는지 4시간 이상 푹 숙면을 취한 밤이었다. 오늘의 첫 방문지 마리앙투아네트 공주와 루이 16세가 함께 머물렀던 곳, 베르사유 궁전을 방문하는 날. 어제부터 파리 현지 가이드가 선크림 허옇게 떡칠하듯 바르고 양산이나 모자 등 해를 가릴 것 필참하고 2~3시간 정도는 입장하기 위해 기다려야 한다고 했다.

베르사유 궁전에 조금이라도 빨리 가기 위해 30분 일찍 출발해 도착해보니 족히 몇천 명이 넘을 사람들이 지그재그 긴 줄로 서 있는 것이 아닌가. 무언가 베르사유 궁전에 들어가볼 만한 가치가 있으니 전 세계의 사람들이 이곳에 와 땡볕의 무더위도 극복하며 입장을 기다리겠지 하고 생각했다.

▲ 모자 쓰는 걸 좋아하지 않아 햇볕을 가리기 위해 스카프를 머리에 두르고 다녔다.
요즘은 사진 촬영이나 여행 다닐 때 꼭 힙합 모자를 쓴다(패션의 변화).

▲ 가장 아름다운 거울의 방이다.

화려함의 상징 베르사유 궁전

1682년 루이 14세가 파리에서 이 궁전으로 거처를 옮긴 후 1789년까지 이곳은 프랑스 절대 권력의 중심지였다. 절대 권력을 상징하듯 가장 크고 화려하게 지어진 베르사유 궁전. 바로크 건축의 대표 작품이며 호화로운 건물과 광대하고 아름다운 정원으로 유명하다.

궁전을 세우기 위해 강줄기를 바꾸고 습지였던 땅을 숲으로 만들었으며 세계적으로 유명한 건축가와 조각가, 화가, 조경가, 공예가 등 다양한 분야의 거장들을 불러 지은 베르사유 궁전이다.

너무도 화려하게 꾸며진 13개의 아름다운 방. 창문 밖으로 내다보는 정원 또한 아름답고 잘 정리된 대단한 규모다. 나폴레옹의 대단함을 또 한 번 엿볼 수 있는 시간이었다. 이곳에 전시되어 있는 작품을 모두 촬영할 수는 없었지만 벽화와 장식품 하나하나가 화려하고 아름다웠다.

작년에 오스트리아 쉔브른 궁전을 방문할 때 보았던 정원 모양이 베르사유 궁전과 비슷하다 생각했는데 가이드 왈, 오스트리아 합스부르크 가문이 베르사유 궁전의 정원을 모방해서 만들었다고 한다.

파리의 자존심 개선문

MAESTRICHT
LANDAU
NEUWIED
RASTADT
ETLINGEN
NERESHEIM
AMBERG
FRIEDBERG
BIBERACH
ALTENKIRCHEN
KEHL
ENGEN
MOESKIRCH
HOCHSTETT
PRENTZLOW
LUBECK
PULTUSK
EYLAU
OSTROLENKA
HEILSBERG
LANDSHUT
ECKMULH
RATISBONNE
RAAB
MOHILEW
SMOLENSKO
VALONTINA
POLOTSK
KRASNOE
WURSCHEN
NOAILLES
SERCEY
MACON
RENAUDIN
PRÉVAL
LHERMITTE
D'ALTON
OPORTO
LA PIAVE

잘 정리되고 기획된 도시. 옛것을 지키기 위해 조금의 불편함을 감수하는 파리 시민들. 200~300년은 족히 넘어 보이는 옛 건물들.

파리 이곳은 하수도가 잘 정리되어 모든 것이 지중화되어 있다. 영화 '레미제라블'의 소재가 되었듯이 여러 나라에서 방문해 벤치마킹을 한다.

건물의 벽면에서는 에어컨 실외기를 볼 수가 없고 신축 건물들도 모두 옛것과 조화를 이루어 건축해야 된다. 모두 고도 제한이 있어 5층 이상은 지을 수 없다. 교통체증은 심해 보였다.

몽마르뜨 언덕의 추억

몽마르뜨 언덕. 100m 정도의 언덕 위에 자리 잡은 곳까지 작은 레일 열차를 타고 도착했다.

유명한 화가라면 이곳에서 그림을 그렸던 예술인의 본산지 몽마르뜨 언덕. 내가 상상한 것보다는 그리 넓지 않았다. 낭만과 자유가 넘쳐 보이지도 않고, 아마도 깊숙이 들어가지 못했기 때문일 거라 생각했다.

곳곳에 초상화를 그려주는 화가가 많았다. 이곳을 혼자서 스케치하며 돌아보는데 멋지게 생긴 녀석이 여자친구 초상화 그리는 걸 자세히 보고 있다. 이미 본인의 초상화는 그려놓고 여자친구를 나중에 그리는 중이다.

나의 기분을 조금 고조시켜준, 기타와 아코디언으로 버스킹을 하는 음악 하는 친구들. 거리에 앉아 노래를 듣고 싶었지만 머무는 시간이 정해져 있어 화가들의 거리를 먼저 스케치하고 도착해 길거리에 앉아 두 곡 정도 들었다.
아는 곡이 나와 함께 노래도 부르며 즐거운 시간이었다. 관객의 매너, 어려운 뮤지션을 위해선 조금이라도 꼭 기부한다(1유로).
조금 더 함께 듣고 싶었는데 마지막 곡. 아쉬움을 뒤로하고 돌아보니 우리 가이드가 있어 함께 사진 촬영 부탁해 담아보았다.

몽마르뜨 언덕의 생드니 성당

몽은 '언덕'이란 뜻이고 마르뜨는 '순교자'란 뜻이다.

제일 높은 곳 100m에 세워진 생드니 성당, 예수 성심성당이다. 샤킬레르 성인이 계셨던 곳이다. 생은 '성', 드니는 '성인'이다.

몽마르뜨 언덕 맨 위에 자리 잡은 생드니 성당. 성당 내부를 천천히 돌아보는데 그곳에 성인들의 초상화가 전시되어 있었다.

중간 정도 돌아보는데 초상화 중에 갓 쓰고 도포 입은 조선시대의 성인 초상화가 있어 너무 놀라 어떤 분이신가 궁금해 돌아보고 나와 함께하신 가톨릭 신자분 피트 엄마께 물어보니 김대건 신부님이라고 한다.

▲ 동양인인 듯한 신혼부부가 결혼 화보 촬영하는 모습을 엄마와 아이들이 호기심에 구경하는 모습, 너무 예쁘기도 하다. 아름다운 웨딩 촬영을 위해 추억을 만들고 있는 신혼부부. 나도 한참을 바라봤다.

스위스

— Swiss —

스위스 융프라우 정상을 향한 여정

스위스 융프라우를 향해 출발

오늘은 호텔에서 4시 30분 출발. 프랑스에서의 여행 일정을 모두 마치고 스위스 인터라켄으로 향하기 위해 호텔에서 버스로 1시간 30분 정도 이동해 파리의 리옹 역에 도착했다.
출발 시간은 6시 30분인데 조금 늦어져 7시에 리옹 역 출발. 지금 이 글은 프랑스 고속열차 TGV를 타고 스위스로 이동하며 적고 있다. 끝없이 펼쳐진 푸른 들판을 바라보며 또 한 번의 작은 행복을 느껴본다.
카메라는 가방 안에 넣어두어 촬영할 수 없고, 더 멋진 여행지 스위스를 기대하며 아름답고 평화로워 보이는 차창 밖의 세상을 가슴 깊이 담아본다.

▶ 파리 리옹 역의 모습.

▶ 스위스 인터라켄 역이다.

◀ 기차에서 점심 식사를 하는 여행 일행분들.

융프라우로 올라가는 산악열차는 2시간에 한 번 있다. 1시 열차를 타기 위해 조금 여유 있게 도착해야 하는데 오는 도중에 차가 밀려서 불안해하는 가이드의 모습을 볼 수가 있었다.

인터라켄에 도착해 점심 식사 후 출발하는 일정이었는데 도착하니 12시 40분 정도 됐다. 가이드가 오는 도중에 식당에 전화해 도시락으로 포장해 준비한 도시락을 하나씩 들고 가이드의 리드에 따라 일사불란하게 허겁지겁 융프라우로 향하는 산악열차에 탑승할 수 있었다.

◀ 융프라우로 향하는 기차 안에서 나의 사진.

▲ 기차를 갈아타는 동안 10분 정도의 여유 시간이 있어 정상 융프라우를 바라보며 모두 인증샷을 촬영한다.

▲ 일본 여행객. 트래킹으로 올라오고 있는 것 같다.

융프라우 정상에 오르기 위해서는 열차를 네 번 갈아타야만 한다. 중간중간 역이 있어 트레킹하는 여행객들이 열차에 탑승했다.
아! 사람들이 이 고생을 하면서 이곳을 찾는 이유를 알 듯했다. 올라가는 열차 속에서 펼쳐지는 만년설의 웅장한 알프스. 함께하신 분들은 연신 카메라 셔터 누르시기 바쁘다.
나 또한 아름다운 풍광을 담기 위해 고개를 차창 밖으로 내밀고, 카메라 흔들리면 안 되니까 온몸에 힘을 실어 집중하며 많은 사진을 촬영했다. 사실 사진 정리할 때 괜찮은 사진만 고르는 것이 힘들어 촬영할 사진만 셔터를 누르는데 눈과 마음으로만 담을 수 없어 조금 오버했다.
마지막 열차로 갈아타고 긴 터널을 지나 도착한 곳, 융프라우의 정상이 나왔다.

신이 내린 알프스의 융프라우

▲ 나는 항상 혼자 여행하기에 개인 사진은 옆에 있는 분들 섭외해 촬영한 사진이다.

운 좋게 융프라우 정상을 볼 수 있는 날이었다. 2014년에 동유럽 여행지에서 만난 언니는 비바람과 고산병으로 정상도 못 올라갔다고 했다. 오늘 날씨는 완전 쾌청.
알프스의 아름다운 만년설 봉우리 중의 하나, 융프라우 정상. 저절로 탄성이 나왔다. 자연의 위대함을 무어라 표현할 수 있을까.
어찌 이 웅장하고 장엄한 경치를 작은 카메라의 렌즈로 담아 다 표현할 수 있겠냐마는 그래도 연신 셔터를 눌러 아름다운 경치를 카메라로 촬영. 알프스 융프라우 정상(4,158m)을 바라보며 나의 마음과 눈에 듬뿍 그 기를 모아 내 마음에 담았다.

조심조심 얼음 동굴을 나와 내려오는 기차에 탑승했다. 올라갈 때보다는 조금은 여유롭고 한가한 기차. 인도에서 여행 오신 여성분이 옆좌석에 앉아 2010년에 인도 여행한 이야기도 하고 휴대폰에 저장해둔 인도 여행 사진도 보여주었다. 즐겁게 내려오다가 아름다운 경치가 보이면 사진도 촬영했다.

도심에서 뿌연 하늘만 보다가 먼지 하나 없이 청명한 하늘을 본다. 잘 닦아놓은 유리를 보듯 눈이 시원해진 느낌이다.

융프라우에서 잊지 못할 에피소드

내 옆에 서 있는 친구가 중국에서 혼자 여행 온 손예진. 기차를 두 번 갈아타고 중간 역에서 기차 의자가 한 좌석씩 서로 마주 보게 되어 있다.
비어 있는 내 앞의 의자에 동양인의 20대 처자가 혼자 앉길래 "한국에서 왔나요?" 하고 물었다. 아무 대답도 안 하고 웃기만 한다.
중국 천진대 3학년 학생이라고 한다. 스위스에 혼자 여행 와 일주일 있었다고. 얼마나 대견하고 부럽던지….
나의 부족한 중국어와 영어를 써가며 대화를 나누는데 내가 어설프게 중국어로 말을 하니까 이 녀석이 한국어로 말을 하는 게 아닌가. 한 달 동안 인천 부평의 중국어 학원에서 선생님으로 근무한 경험이 있다고 한다.
재미나게 이런저런 이야기를 하며 그 친구는 중국어 반, 한국어 반 말하고 나는 이때다 싶어 내가 알고 있는 중국어를 총동원해 중국어로 대화를 하며 즐겁게 내려왔다.
다음 기차로 갈아타기 위해 모두 내리는데 중국인 친구 손예진 씨와 헤어지는 게 아쉬워 인증샷을 촬영했다. 역에서 내려 그 친구하고 사진도 촬영하고 옆에 함께 있던 외국인 녀석들이 슬그머니 모여들어 함께 촬영하며 깔깔거리고 웃었다.
중국 친구 손예진 씨하고 인사하고 나서 보니까 우리 여행 일행들이 보이지 않았다. 아, 벌써 모두 나갔구나 하고 나는 사람들이 나가는 지하 출구로 급하게 뛰어서 갔는데도 한 명도 보이지 않았다.
더 가면 있겠지 하고 더 올라가도 우리가 출발한 역이 아닌 생소한 길이었다. 살짝 겁도 나고 아차 싶어 가이드한테 전화를 걸었더니 깜짝 놀라며 그곳으로 왜 나갔냐, 기차를 갈아타야 되는 건데…. 빨리 다시 돌아오라고 한다.
진짜 얼굴이 하얗게 질려 허겁지겁 달려가니 열차가 서 있고 역무원이 빨리 타라고 손짓한다. 아뿔싸, 나가는 게 아니고 앞 열차를 타야 되는 건데…. 무조건 아무 객차에나 올라타서 가이드한테 기차 탔으니 걱정하지 말라 전화하고 긴 한숨을 내쉬었다.
나 때문에 3~4분 정도 기다렸다고(우리 가이드의 부탁으로), 만약에 내가 이 열차를 못 탔으면 2시간을 기다려야 열차가 왔을 거라고 한다. 지금 생각해도 아찔하다.
그리고 더 걱정되는 것은 휴대폰 배터리가 방전이 빨리 되어 여행 도중 통화가 안 되는 경우가 많았는데 다행히 가이드와 통화할 때는 배터리가 남아 있어 기차를 탈 수 있었다.
지금 생각해도 아찔하다. 이 사건 후로는 해외여행 갈 때는 혼자 호텔에서 나갈 때 명함 챙기기, 사진 촬영으로 혼자 다른 곳으로 갈 때는 도착지명 또는 큰 건물 메모하기, 버스로 이동 시 꼭 차 번호 메모하기. 완전 길치의 비애다.

▲ 무사히 도착 후 편안하게 아래서 바라본 융프라우

모든 것이 나의 불찰이다. 가이드만 따라다니다 보니 어느 역에서 내리는지, 마지막 역이 어디인지 주의 깊게 관심을 가지지 못한 점, 그리고 조금 기분이 고조되어 그곳이 마지막 역이라고 착각한 점.
다행히 다른 객차를 타고 승무원과 여행 온 외국인한테 확인하고 또 확인해서 인터라켄 역에서 우리 여행 식구를 만나 한국에 잘 돌아올 수 있었다.
평생 잊지 못할 여행 에피소드 중의 하나를 만들며 스위스 융프라우 여행 일정을 마친다.

아름다운 스위스에서 아침 열다

전날 저녁 늦은 밤에 도착해 어딘지 몰랐는데, 아침에 일어나 호텔의 테라스로 나가보니 시원한 바람이 나의 코를 자극한다. 테라스에서 바라보는 멀리 펼쳐진 경치는 평화로움 그 자체였다.

만년설로 뒤덮인 알프스산이 저 멀리 보이고 마을과 작은 호수, 거기에다 물안개까지 살짝 드리워져 한 폭의 그림이었다.

◀ 나는 아침 식사 전에 산책도 할 겸 카메라 가지고 해발 550m에 자리한 호텔을 나와 작은 마을을 스케치했다.

◀ 나하고 함께 여행한 60대 중반의 다정한 부부. 아침 산책을 나와보니 두 분이 먼저 아침 산책을 나오셨다. 마을 옆에 있는, 먼저 떠난 이의 묘지 옆에서 다정하게 앉아 촬영한 사진을 보고 계시는 모습이 보기 좋아 담아 보았다.
경상도에서 오신 부부. 나에게 잘해 주셔서 다시 한번 감사드린다. 오래도록 함께 살아오신 60대 중반 부부의 아름다운 모습을 볼 수 있었다.

◀ 마을 속에 자리한 먼저 떠난 이의 묘지다.

스위스 루체른의 카펠교와 구도심

◀ 유럽에서 가장 오래된 목조다리 카펠교(지붕이 있는 목조다리). 100년 이상 된 카펠교가 1994년 한 관광객이 우연히 버린 담배꽁초로 인해 모두 전소되었는데 옛날 모습 그대로 복원되었다. 우리나라의 숭례문을 다시 한번 생각하게 했다.

▲ 루체른 공원 빈사의 사자상(1792년 루이 16세를 지킨 스위스 용병을 기리기 위한 작품). 길이가 13미터나 되고 머리맡에 창과 방패가 놓여 있다. 등에는 부러진 창이 박혀 있고 굶어서 초췌해져 죽어가는 사자상이다.

▲ 루체른 시내의 건물 벽화를 예쁘게 한 레스토랑.

이탈리아의 북부 꼬모 섬

▶ 점심 식사 후 버스로 두 시간을 달려 도착한 곳, 이탈리아 북부의 꼬모. 큰 호수의 이름이 꼬모이며 이곳의 지명도 꼬모다.
미국의 조지클루니 배우가 이곳에 130억짜리 별장을 가지고 있다고 한다. 이 배우는 돈도 많은가 보네.
몇 년 전 호주 여행 때 시드니 남쪽 부촌 마을에 고가의 별장이 있다고 가이드가 알려줬다.

◀ 더위에 지친 아이들이 광장 분수에서 물놀이를 즐기고 있다.
스위스보다 햇살이 더 뜨거운 것 같다. 움직이기가 겁날 정도다. 그래도 이곳을 스케치해보았다.

꼬모의 두오모 성당

▲ 날씨가 더워 꼬모의 두오모 성당, 그리고 섬 주변을 대충 스케치했다.

유럽 여행 다니면서 항상 신경 쓰이는 건 화장실이다. 야박하게 유료이기도 하고 파리나 이곳 이탈리아도 중간에 화장실을 이용하고 싶으면 맥도날드를 이용해야 한다. 인심 야박한 유럽, 생수도 비싸고 기본적인 화장실도 돈을 내야 된다.

그런데 지금의 프랑스, 이탈리아 정말 덥다. 이왕 서유럽 여행 오려고 마음먹었으면 6월 초나 5월 말쯤 왔으면 고생을 조금 덜 했을 텐데 하는 마음이다.

지금은 이탈리아 밀라노로 이동하는 중 글을 쓴다.

명품 샵들이 즐비한 밀라노

말로만 듣던 명품 샵이 줄을 이어 있다. 잘생기고 멋진 멋쟁이도 많고, 향수 냄새가 거리에서 은은하게 내 코를 자극한다. 강남의 압구정도 안 가본 내가 이탈리아 밀라노의 명품 샵 거리를 걸어본다.

빅토리아 엠마 누엘레 2세 갤러리아. 바닥 한가운데 작은 구멍이 있는데 그곳에 발을 대고 한 바퀴 돌면 소원이 이루어진단다.
나도 설명이 끝난 다음 혼자서 발꿈치를 대고 살며시 돌며 소원을 빌어보았다.

▲ 밀라노 대성당. 이탈리아에서 두 번째로 큰 성당이다.
고딕 양식의 걸작이자 밀라노의 상징인 두오모로 성당은 1815년에 완공되었다. 157개의 뾰족한 첨탑에는 3,159명의 사도들의 모습이 있다.
가장 높은 첨탑에는 황금 성모마리아상이 있고 두오모 성당은 대주교가 있는 성당이다(대성당 보수공사를 삼성에서 지원했다고 한다. 사진 속 왼쪽 녹색 화면이 갤럭시 광고 영상이다).

▲ 화려함의 뒷면에는 어두운 면도 있다. 밀라노의 뒷거리를 스케치했다.

물의 도시 베네치아

▲ 산마르코 성당 종탑에서 바라본 베네치아의 전경.

▲ 빡빡한 패키지 일정에서 조금은 느긋하게 보내는 베네치아 일정.

자유 시간도 충분히 주어져 혼자서 이곳저곳 둘러보았다. 가이드의 추천을 받아 8유로를 지불하고 올라간 산마르코 성당 종탑. 며칠 동안 더위와 싸우며 힘들었던 나의 몸과 마음을 시원하게 힐링해준 장소다.
베네치아의 아름다운 풍광을 360도 돌아가며 느긋하게 카메라에 담을 수 있었고, 마음에도 담을 만큼 시간도 여유가 있었다.
좋은 장소에서 조금 더 머물고 싶은데 시간에 쫓기어 떠나야 할 때의 마음은, 내가 패키지 여행 다신 안 온다고 하면서 떠난다. 그러나 지금은 충분한 여유 시간. 나처럼 기획력 없는 사람도 쉽게 올 수 있는 패키지 여행이 있어 나도 유럽 여행을 올 수 있었겠지.
사진가를 위한 해외 출사 여행을 몇 번 다녀왔는데 사진 촬영은 많이 할 수 있었 지만 마음의 여유가 없어 패키지 여행을 선택해 다녔다. 나 홀로 자유 여행은 자신이 없어 차선책으로 여행사 패키지에 의존해 다닌다.

산 마르코 광장

▲ 베네치아 섬. 이국적인 아름다운 풍경, 강렬한 햇살. 이곳에 찾아온 많은 관광객이 나를 환영하는 느낌이었다. 박홍식 가이드는 강렬한 햇살을 피해 조금은 한적한 건물 뒤편 시원한 그늘이 있는 곳으로 우리를 인솔해 지도를 펴고서는 이곳에 대해 자세히 설명해주었다.

베네치아 섬 안에서 바퀴 달린 이동 수단은 오직 자전거뿐이고 모든 이동 수단은 수상으로 배를 이용한다. 호텔의 투숙객도 가방을 실어나를 때 보트를 이용했다.

▲ 산마르코 광장에 있는 카페의 모습이다.

▲ 관광객으로 붐비는 베네치아의 전경이다.

두칼레 궁전과 감옥을 잇는 탄식의 다리. 탄식의 다리는 총독부가 있는 두칼레 궁과 노오베라는 감옥을 연결하는 다리로, 두칼레 궁에서 재판을 받고 나오던 죄수들이 이 다리를 건너면 세상과 단절된다는 의미로 한숨을 내쉬었다고 해서 탄식의 다리다.
더 유명한 것은 작가이자 바람둥이로 알려진 카사노바가 노오베 감옥에서 탈옥했다는 사실이다. 베니스는 카사노바의 고향이기도 하다.
베니스는 8개의 섬으로 이루어져 있고 150개의 운하에 다리만도 400개가 넘는다.

▲ 베네치아의 아름다운 풍경을 그림으로 그려 판매하는 화가.

▲ 독특한 부부. 남성분의 옷은 블랙 앤 화이트. 사람들이 사진 찍고 신기한 듯 구경한다. 나도 구경꾼 중의 1인.

넉넉한 자유 시간이 주어져 베네치아의 구석구석을 돌아보았다. 화장실이 가고 싶어 사람들한테 물어 찾아가는데 어딘지 찾기가 힘들었다.
화장실을 찾아서 구경하며 올라가는데 고급 호텔이 보여 당당하게 쓱 들어가 라운지 쇼파에 턱 앉아 로비에 화장실이 있나 하고 살펴보니까 내 눈에는 안 보였다. 시원한 호텔 라운지에서 조금 쉬었다가 나와 한 바퀴 빙 돌아 2층에서 찾았다.
이곳은 화장실 한 번 가는데 1유로 50센트로 우리나라 돈으로 2,000원. 비싸다. 시원하게 생리적인 현상을 해결했다.
베네치아에서 느긋하고 여유로운 일정을 끝내고 시골의 작은 마을의 호텔에 짐을 풀고 오늘의 일정을 마무리한다.

세계자연문화유산 친퀘테레

다섯 개 마을 중의 하나(마나놀라)

▲ 더위에 지친 많은 사람이 수영을 즐기고 있다

친퀘테레는 서유럽 여행 출발 전 일정표를 보며 기대했던 장소다. 어떠한 모습으로 내 마음에 다가올지 기대하며 출발했다.
이번의 여행기는 버스로 이동하는 중간중간 정리하면서 쓰고 있다. 한국을 떠난 지 벌써 일주일이 지나고 있다. 오늘 새벽 꿈속에서 나의 보금자리 허리우드 악기사와 나만을 애타게 기다리고 있을 나의 강아지들 두 녀석 다미, 다정이가 보였다. 조금은 걱정도 되고, 나 또한 그리운가 보다.
일주일이 순간처럼 휙 지나가고 있다. 한국에 있는 모든 것을 잊어버리고 편안하게 여행 다닌다고 하지만 걱정이 되나 보다.

▲ 사진 오른쪽 산이 포도밭이다.

▲ 여행을 마치고 기차를 타려고 역으로 가는데 아름다운 기타의 선율이 울렸다. 오다 보니 클래식 연주가의 버스킹. 터널에서 연주해서 그런지 공간음이 아주 듣기 좋았다. 앰프는 무얼 사용하나 봤더니 Roland. 우리 악기사에서 판매하고, 버스킹을 하는 한국 뮤지션들도 많이 사용하는 앰프다.

▲ 내가 타고 온 기차의 모습.

▲ 친퀘테레로 가기 위해 기차로 이동하는 중 중앙역.

이제는 시차 적응이 된 듯하다. 저녁에 2시간마다 일어나곤 했지만 이제는 5시간 이상을 푹 자고 상쾌한 아침을 맞이할 수 있었다.

오늘 여행지는 친퀘테레. 출발은 9시. 아침 시간이 여유가 있다.

조금은 일찍 일어나 고요한 작은 마을을 천천히 돌아보며 마을의 이곳저곳을 카메라에 담아보았다.

오늘은 토요일. 휴일이어서 그런가, 이른 시간에도 마을 가운데 고즈넉히 자리 잡은 작은 성당의 문이 열려 있어 살며시 들어가보니 창가에 비추어지는 햇살과 아무도 없는 고요한 성당 안의 분위기.

내가 가톨릭 신자는 아니지만 의자에 앉아 마음속에 있는 작은 소망을 기도하고 한적한 마을을 산책하며 편안하고 행복한 하루를 시작한다.

▶ 우리 시골집의 텃밭 같다.

◀ 정갈하고 예쁜 집, 집 안의 나무 아래서 뒹굴며 노는 고양이가 인상적이었다.

많이 기대했던 친퀘테레. 내가 방문한 마을 산꼭대기에 지어진 집들. 오스트리아의 할슈타트를 연상하게 하는 마을. 날씨 탓인가, 할슈타트 마을 여행할 때 가슴 벅찼던 느낌과는 다르다.

이곳에서 수영하는 사람들처럼 풍덩 바다 속으로 들어가고 싶었지만 그럴 수는 없어 사람들이 해수욕하는 바위 아래로 내려가 바위 그늘에 앉아 수영하는 사람들을 바라보며 대리만족을 했다.

해수욕하는 사람들 옆에 앉아 있었는데, 참 실용적으로 수영한다. 수건 하나만 있으면 모든 걸 해결. 탈의실이 있는 게 아니고 남자는 아래 수건 하나 두르고 수영복 갈아입고, 여자는 수건으로 가리고 웃옷 하나 더 갈아입을 뿐.

이곳에 한참 동안 앉아 있다 산꼭대기 성당 올라가 휘돌아보고 내려오는 길에 시원한 젤라또 아이스크림 하나 사서 먹었다.

기대하며 출발했던 친퀘테레 다섯 마을 중의 하나, 가장 아름답다는 마나놀라 마을을 방문하고 너무 더워서 고생은 했지만 내 인생의 숙제 한 장을 채우고 오늘의 친퀘테레 여행을 마친다.

이탈리아 피렌체 두오모 성당

피렌체의 두오모 성당은 세계 3대 성당이다. 바티칸 베드로 대성당, 밀라노 두오모 성당, 그리고 세 번째로 큰 성당이 피렌체의 두오모 성당이다.
피렌체 두오모 성당의 정식 명칭은 '산타 마리아 델 피오레 대성당'으로 꽃의 성모마리아란 뜻이다.

로마 시대부터 피렌체는 아르노강변에 피는 꽃이 아름다워 꽃의 도시라고 했다. 그래서 꽃처럼 장미색, 흰색, 녹색의 빛이 나는 대리석을 사용하여 르네상스 건축 양식으로 지었다. 이탈리아 국기 색상하고 같다.
피렌체의 두오모 성당은 1292년에 착공되어 1436년에 완공되었다(140년에 걸쳐 지어졌다).

미켈란젤로 언덕에서 바라본 피렌체

▲ 호텔 출발해 처음으로 도착한 곳, 미켈란젤로 언덕. 눈을 뜰 수가 없을 정도로 햇살이 따갑다.

이곳 언덕에서 피렌체 구시가지를 사진에 담아보았다. 이곳은 저녁의 노을이 아름답고 야경이 아름다운 명소, 그리고 커플들의 천국. 와인 한 병씩 가지고 와 서로의 사랑을 속삭이는 장소다.

▲ 베키오 궁전과 피렌체 두오모 성당이 보인다.

▲ 미켈란젤로 동상이다.

베키오 궁전 앞의 유명한 조각 작품

◀베키오 궁전 앞의 조각품, 여인을 납치해 가는 남성들의 조각상이다(누구의 작품인지는 모른다). 이 작품에 대한 가이드의 설명이 생각난다. "여성이 강하게 뿌리치는 모습이 아니고... 안 돼요, 돼요, 돼요…." 여인을 놓지 않으려는 남자의 강렬한 의지. 남성의 근육질 심줄까지 묘사되었다.

◀ 깜짝 놀라게 하는 행위 예술인. 조각상과 비슷하게 분장을 하고 버스킹을 하는 예술인이다.

▶ 베키오 궁전 앞 조각 작품 그늘에서 쉬고 있는 노부부의 모습이 보기 좋아 사진으로 담았다. 아저씨가 아주 멋쟁이다. 바지 색상에 맞춰 양말도 빨간색으로 신으셨다.

가죽 공방의 장인. 피렌체의 구시가지를 이곳저곳 둘러보았다. 이곳 토스카나주는 가죽으로 유명하다. 가죽 면세점에 들러 열쇠고리 두 개와 징이 박힌 가죽 벨트를 하나 샀다.

『냉정과 열정 사이』 책을 읽으며 너무도 낭만적으로 상상했던 장소이자 꼭 한 번은 와 보고 싶었던 곳, 피렌체 두오모 성당.

날씨도 덥고 제대로 그곳을 돌아보기에는 짧은 시간. 두오모 성당의 붉은색 쿠폴라까지 올라가지 못한 아쉬움이 남지만 다음에 또다시 오라는 의미로 생각한다. 피렌체의 두오모 성당 베키오 궁전 단테 생가 피렌체의 구시가지를 돌아보며 아쉬움을 뒤로 하고 피렌체의 짧은 여정을 마친다.

슬로우시티 오르비에또

▲ 성벽으로 둘러싸여 평화로운 오르비에또 성에서 바라본 전원 마을.

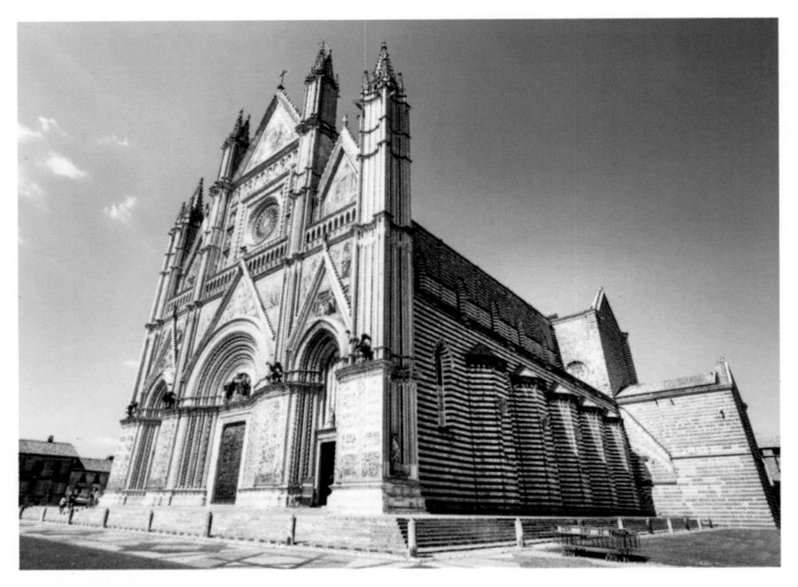

▲ 성당 옆면의 문양이 독특하다. 1920년대부터 지어지기 시작해 1580년대에 완공되었다. 우르바노 4세 교황이 머물렀고 성체 성혈의 기적으로 유명한 성당이다.

▲ 나의 사진 모델. 아름다운 여인이 있는 초상화 앞에 멋진 남성의 모델이 있었으면 좋겠다는 생각을 해서 그곳에서 한참을 머물며 두리번대는데 여자 친구와 함께 온 사진 속의 남성에게 부탁해 담아보았다.
선글라스를 벗길래 벗지 말라고 하고 의자에 앉는 위치도 정해주었다.

여유와 느림의 미학, 슬로우시티 오르비에또. 해발 195m의 바위산에 자리 잡은 작은 중세 도시다. 아래에서 올 때는 산악열차와 모양이 비슷한 빨간색 푸니쿨라를 타고 10분 정도 올라온다.
푸른 나무에 둘러싸인 중세의 돌집, 화분이 놓여진 옛스러운 집. 자동차가 거의 없는 오르비에또다.

▲ 나의 사진 모델과 함께. 여자 친구가 촬영해주었다.

내가 이번 여행을, 그리고 이번 여행지를 선택한 이유 중에 하나가 오르비에또 여정이 있기 때문이었다. 그리고 작년 동유럽 여행을 함께했던 박순리 언니가 추천한 장소기도 하다. 여행 날짜도 바꿔가며 선택한 여행지 오르비에또다.

빨간색 푸니쿨라를 타고 도착한 오르비에또. 날씨 탓도 있겠지만 작년에 여행 간 동유럽의 느낌과는 달랐다.

천천히 이곳을 둘러보았다. 한국에서 출발하기 전 저의 초등학생 기타 제자 선물 사다 주기로 약속했는데, 녀석이 원하는 선물은 첼시 로고가 새겨진 운동복. 이곳을 둘러보다 보니 스포츠 운동복 파는 상점이 있어 들어갔다. 첼시 것은 없고 바르셀로나 메시 로고가 찍힌 축구복이 있어 하나 사고 조카 녀석들 것으론 유벤투스 부폰 골키퍼 운동복 사고 도와주는 큰 조카 녀석 유벤투스 검은색 셔츠를 사서 돌아왔다.

폼페이 최후의 날 현장 속으로

▲ 그늘에 앉아 수신기를 통해 가이드의 설명을 듣고 있는 연인의 모습.

서기 79년 8월 24일 베수비오산의 화산 폭발로 폼페이는 최후의 날을 맞이하게 됐다. 불과 몇 시간 만에 전체 인구 2만 명 중 2천 명이나 사망했다. 순식간에 4~8m에 이르는 화산재가 시가지를 덮어 피신할 시간이 충분치 않았다. 폭발력과 파괴력이 얼마나 컸던지 베수비오산의 높이가 단 하루 만에 400m나 낮아졌다.
2,000년 전에 만들어진 도시지만 인간 중심의 도시로 설계되었다.

▲ 폼페이에 대해 열심히 설명해주는 현지 가이드.

폼페이에서 세상은 계속 돌아가고 있다고 느꼈다. 이천 년 전에도 그리고 이천 년 후에도 100년을 살지 못하는 우리네 인생이다.

영화 '폼페이 최후의 날'에서 보여주듯이 조금은 풍요롭고 방탕하고 문란한 사회적인 분위기도 있었다. 한 치 앞을 모르는 우리의 삶, 그 시절에도 치열한 삶을 살았고 지금 우리도 치열하게 살고 있다.

그곳에서 발굴된 화산재 속에 묻혀 고통스럽게 죽어 화석이 된 소년의 모습 등 자연의 재앙 앞에 실낱처럼 아주 약한 존재가 인간이다.

작년 중국 시안을 여행할 때, 불로장생을 꿈꾸는 진시황의 병마용갱을 보면서 느꼈던 마음. 조금은 인생의 허무함을 느끼는 시간. 지금도 그 마음이다.

고대 시대의 위대함을 느끼며 폼페이 여정을 마치고 소렌토로 출발. 소렌토로 향하는 기차에서 만난 외국인이 나에게 묻는다. 폼페이를 다녀온 느낌이 어땠냐는 물음에 잠시 생각하다 "Amazing"이라 말했다.

소렌토

▲ 소렌토에 도착해 호기심에 가득 차 소렌토 앞바다를 내려다보는 여행객들.

▲ 카프리로 들어가는 배를 타기 위해 기다리는 선착장 옆 소렌토의 모습.

소렌토로 가는 기차에서 만난 외국인. 엄마와 작은딸은 내 앞 좌석에 앉고 신랑과 아들은 다른 좌석에 앉았다.

내가 보기엔 늦둥이인 듯한데 워낙 외국 사람들이 나이가 들어 보여 여자아이는 5살, 아주 새침데기. 내가 사탕이 있어 주니까 맛있게 먹었다. 그러면서 자연스럽게 이야기를 하게 됐다.

여자아이 엄마가 아주 성격이 호탕해서 부족한 영어지만 나에게 이것저것 물어보고 폼페이에 대해 느낌도 물어보고 서로 즐거운 대화를 하며 짧은 시간 함께 왔다. 옆에 앉은 친구는 15세. 처음에는 새침하더니 말도 잘하고 웃기도 잘하는 아주 귀여운 소녀다.

내 옆에 앉은 친구는 대학생인 듯 이쪽 대화에는 관심 없고 자기 일에 집중. 중간에 아이 엄마가 영어를 잘 이해 못 하면 내 옆의 여성이 해석해주었다.

아름다운 카프리섬

▲ 소렌토에서 아주 큰 페리를 30분 정도 타고 도착한 카프리섬이다. 예전에 '카프리의 깊은 밤'이라는 에로 영화를 보았다(약 25년 전). 너무도 아름다운 카프리의 풍경이 내용보다 내 머릿속에 남아 있어 꼭 한번 와보고 싶었던 장소다.

지상 낙원의 섬 아나카프리

탄성을 자아내는 아나카프리. 너무도 아름다웠다. 아나카프리는 선택 관광으로 여행하는 곳인데 전혀 돈이 아깝지 않은 장소였다.
가이드한테 말했다. 내가 원하는 장소가 바로 이런 곳이다, 그동안 날씨도 덥고 소재도 제가 좋아하는 것이 아니어서 조금은 힘든 여정이였는데 그동안 힘들었던 것을 이곳 아나카프리에서 확 날려버렸다고.
서유럽 여행 안 왔으면 이 아름다운 풍광을 언제 또 볼 수 있겠는가.

리프트를 타고 20분 정도 아나카프리로 올라갔다. 계속 자동으로 돌아가는 리프트여서 타기 전 조금은 겁났는데 너무도 좋은 시간이었다.
아주 고요한 아름다운 천상의 공간 위에서 아래를 내려다보며 나 혼자만의 시간. 정말 행복한 시간이었다.
카메라를 놓치면 안 되기 때문에 꽉 잡고 몇 장의 사진을 담았다. 이왕이면 앞에 오는 잘생긴 외국인 남성을 모델로….

아나카프리에서 행복한 시간을 보내고 차를 타고 굽이굽이 돌아 내려와 카프리 항에서 한 시간 정도 자유 시간이 주어졌다. 나는 조금 쉬고 싶어 마트에 들러 과일도 사고 마실 물과 음료수도 사서 바다가 보이는 노천카페에서 사진 속의 아이스크림 10유로 내고 시켜 먹었다.

카프리섬에서 한 시간 정도 배를 타고 나폴리 항에 도착. 3대 미항 중의 하나 나폴리, 왜 미항이라 부르는지 모르겠다.

가이드도 하는 말, 모든 사람이 이곳에 오면 깜짝 놀란다고. 발도장, 눈도장만 찍고 오늘의 일정을 모두 마친 후 로마에서 마지막 밤을 보낼 호텔로 향했다.

세계에서 가장 작은 나라 바티칸

▲ 바티칸 피나 정원의 명물, 구리지구본. 구리지구본은 로마 올림픽을 기념하여 제작된 것으로, 멸망해가는 지구를 형상화한 조형물이다. 지구 안의 지구라는 이름인데 Pirro Ligorio의 작품으로 1816년에 제작되었다.

▲ 바티칸 박물관 입장 후 시스티나 성당 '천지창조'의 조감도를 보며 설명을 듣고 있는 여행객. 바티칸 성전 내부에서는 가이드가 설명을 하지 못해 미리 듣는다.

▲ 바티칸 입장을 위한 긴 기다림.

바티칸에 입장할 때는 아주 짧은 바지와 어깨가 드러나는 민소매를 입고는 입장이 불가하다. 스카프로 가리고 입장하는 사람들을 볼 수가 있다. 입장하면서 가지고 있는 소지품은 공항 검색대 지나듯이 검색대를 통과한다.

인터넷으로 예약을 할 수 있는데 인터넷으로 예약한 사람들부터 입장하고 다음에 현장 구매한 사람이 들어간다.

▲ 벨베데레의 뜰. 이곳에서 유명한 조각 작품들을 만날 수 있다.

▲ 베드로 성전 내부. 테이블 아랫부분에 새겨진 문양이 참 아름답다.

▲ 베드로 성전 내부의 모습이다.

▲ 사진 의자 맨 뒤에 앉아 있는, 부모님과 함께 온 예쁜 여자아이. 무엇에 뿔이 났는지 한쪽 구석에 가서 울고 있는 모습이 어찌나 귀엽던지.
그곳에서 조금 삐져 있다 아빠한테 달려가 안기는 모습이 너무 예뻐 사진에 담아보았다.

▲ 너무도 아름답게 수놓은 카페트. 꼭 벽화 같았다. 확인차 손으로 살짝 만져보았다.

▲ 베드로 성전 내부의 모습이다.

세계에서 가장 작은 나라 바티칸시국. 0.44 제곱킬로미터의 면적에 인구는 1,000명이 안 되는 아주 작은 나라다.
바티칸시국은 교황이 통치하는 신권국가다. 전 세계 가톨릭 교회의 총본부이며 바티칸시국의 공무원들은 대부분 성직자나 수도자, 국제관계에서는 성좌로 호칭된다.
더운 날씨에도 1시간 넘게 줄을 서서 기다려 들어간 바티칸 박물관과 베드로 성전은 웅장했다. 유럽에서 크다고 하는 성당은 거의 가보았지만 교황님이 계시는 바티칸시국 그리고 베드로 성당은 무어라 말을 할 수가 없었다. 세계사 지식이 많이 부족한 내가 보아도 정말로 경이로울 뿐이었다. 2021년도에 가톨릭 세례를 받은 나로서는 여행기를 쓰는 것이 조금 더 공부하는 시간이 된다.
바티칸시국을 돌아보고 오전의 일정을 마치고 우리는 로마 유적지 관광을 위해 바티칸 박물관에서 나왔다.

모든 신을 위한 판테온

▲ 판테온의 원형 구성은 천체와 태양을 반영한다. 미켈란젤로는 판테온의 돔에서 영향을 받아 성 베드로 성당의 바실리카 쿠폴라를 디자인하게 됐다.
판테온 실내로 유일하게 빛이 들어오는 곳은 천장의 원형 창으로, 정오 무렵이면 태양광선이 들어와 실내를 조금 더 성스러운 공간으로 만들어준다.

빛이 들어오는 돔 중앙 원형 창의 지름이 8m가량이다. 그래서 원형 창으로 들어오는 빗물이 빠져나갈 수 있게 바닥은 경사면으로 설계되었다.
바닥에서 원형 구멍까지의 높이와 돔 내부의 원의 지름은 43.3m로 똑같다(완전 과학적이다).

▲ 판테온 신전 옆 그늘에서 쉬고 있는 관광객.

▲ 로톤다 분수 앞 더위에 지친 친구들이 물에 손을 담그고 있다. 내가 카메라로 촬영하니 앞의 소년은 수줍어서 고개를 들지 못한다.

오벨리스크와 로톤다 분수

◀ 교황 클레멘시우스 11세의 명으로 포르타가 설계해 아프리카에서 가져온 대리석으로 만든 분수와 함께 람세스 2세의 오벨리스크 로마의 아우그투스 황제가 BC 13세기 이집트를 정복한 기념으로 가져왔다.
18세기 교황의 특명으로 주막집과 사창가로 악명을 떨치던 이 지역을 정화하게 되었다. 이 사실은 판테온 앞 건물의 석판에 새겨진 글에서 알게 되었다.
판테온 신전의 대석주와 16개의 단석. 코린트 식의 대원주로 이루어졌다.

포로 로마노

포로 로마노에 입장하기 위해서는 입장권을 예매하고 아래로 내려가 그곳을 돌아볼 수 있다는 것을 여행기를 쓰고 자료를 찾아보면서 알게 되었다.
내가 얼마나 겉핥기식 여행을 했는지 새삼 느끼고 있다. 우리는 위에서 아래로 내려다보며 먼발치에서 사진에 담았을 뿐이었다.
지난주 주말 막냇동생이 놀러 왔다. 나의 여행 사진을 보며 동생은 10년 전 한 달 동안 이탈리아 여행을 다녀왔는데 본인은 로마 유적지 중 포로 로마노가 가장 좋았다고 한다. 그곳에 앉아 고대의 시절을 상상하며, 단지 터전과 돌기둥만 남아 있는 곳이지만 머릿속에 풍요로웠던 그 시절의 상상화가 그려지며 살아 움직이는 느낌이었단다.

스페인 계단

▲ 여행 나온 두 여인이 허스키 녀석을 데리고 나왔는데 주인이 친구의 사진을 촬영하려고 일어서서 앞으로 가니까 녀석이 난리가 났다. 결국 사진을 못 찍고 다른 사람이 촬영해주었다. 녀석의 충성심이란….

스페인 계단의 수는 137개다. 이 사진 속 트리니타 데이몬티 성당은 현재 공사 중이다 (지금은 보수공사가 끝났겠지).

트리니타 데이몬티 성당 수리비 기부를 위한 불가리 광고 현수막이 성당 앞에 가려져 있다. 밀라노의 두오모 성당 수리비를 기부하는 삼성 갤럭시 광고 천막이 있듯이….

캄피돌리오

캄피돌리오는 수도(capital)라는 의미다. 광장 전면의 건물은 고대 로마의 폐허 위에 12세기경에 세나토리오 궁을 세운 것인데 현재는 로마의 시의회와 시장의 집무실로 사용하고 있다.

◀ 고대 로마 시대에는 우측 좁은 길이 캄피돌리오 포로 로마노 언덕을 연결하는 길이었다. 우리는 포로 로마노를 가기 위해 그 길을 걸어가고 있다.

검투사들의 결투장 콜로세움

오전 일정을 마치고 벤츠를 타고 로마 유적지 9곳을 돌아보는 일정(벤츠 관광은 옵션인데 60유로였다. 옵션을 선택하지 않는다면 그곳을 걸어 다녀야 된다). 그냥 눈도장만 찍고 사진 몇 장씩 찍고 다니는 여정.
로마의 유적지 여행을 마치고 우리는 영국에 가기 위해 베네치아 공항으로 향했다. 저녁은 베네치아 공항에서 김밥 도시락으로 대충 때우고 2시간 30분의 비행 후 도착한 곳은 런던의 히드로 공항이다.
베네치아 공항에서 출발한 시간이 오후 10시 30분, 이탈리아는 서머타임제를 사용해 이곳과 1시간의 시차가 있다. 너무 피곤하다.
40분 정도 공항에서 버스로 이동해 호텔에 도착. 세상이 넓다는 게 새삼 실감이 된다. 영국은 공항을 나서자 서늘하다. 더위에 지친 하루였는데 춥다는 말이 절로 나왔다. 이탈리아에서는 38~40도의 날씨에 눈을 못 뜰 정도로 더위에 지쳐 다녔는데 이곳은 20도 정도. 가방에서 겉옷 하나 꺼내서 입고 호텔로 향했다.
이탈리아보다는 조금은 괜찮은 호텔. 샤워하고 눕자마자 세상모르고 잠들었다. 마지막 여행지 영국의 런던, 내일 여행을 기대해본다.

영국 템즈강 타워 브릿지

영국 런던 시내를 흐르는 템즈강 위에 도개교와 현수교를 결합한 구조로 지은 다리다. 1886년에 착공해 1894년에 완공되었다. 완공 첫 달에는 655번의 다리가 개교되었고 최근에는 대형 선박이 지나다니는 횟수가 줄어들어 일 년에 500번 정도 열린다. 처음에는 수력을 이용해 다리를 들어 올렸고, 지금은 전력을 이용하여 다리를 들어 올린다. 나는 운 좋게도 타워 브릿지가 열리는 모습을 볼 수 있었다.

▲ 멀리 보이는 건물들의 모습이 장난감 나라에 온 듯 예쁘다. 말로만 듣던 변화무쌍한 런던 날씨를 보는 날이다.

▲ 영국 국회의사당과 빅 벤.

▲ 버킹엄 궁전에 영국 국기가 꽂혀 있으면 지금 영국 여왕은 출타 중이라는 뜻이란다.

내가 책을 만들기 위해 정리하는 2023년엔 이미 엘리자베스 2세 여왕님은 2022년 9월 8일에 영원한 세상 하늘로 가시고 여왕님의 장남인 찰스 왕세자가 새로운 영국 국왕이 되었다.

서유럽 여행의 마지막 날, 영국 런던 날씨가 선선하다. 아침저녁으로 15도다. 오늘 입으려고 어제저녁에 챙겨두었던 반팔 옷을 긴팔로 갈아입고 이탈리아보다는 조금 더 괜찮은 아침 식사를 하고 런던 시내 투어를 시작했다.
아침에 호텔에서 나와 내 몸에 스며드는 조금은 서늘한 공기는 나의 마음을 편안하게 해주었다. 버스를 타고 시내로 향하는 버스 안에서 바라본 런던 시내의 풍경은 어느 유럽 지역이나 마찬가지지만 조금 더 정갈하고 고풍스러웠다. 살짝은 운치 있는 날씨여서 그런가, 한가함과 여유로움을 느끼게 하는 도시였다.
런던 시내의 유명한 곳을 돌아보는 동안 비가 오고 바람도 불고 먹구름이 갑자기 끼었다가 비가 내리고 쾌청하게 해가 반짝 뜨고…. 완전 변화무쌍한 영국 날씨를 체험하는 하루였다. 365일 중 200일이 비가 온다고 하니 우중충한 날씨임엔 분명하다.

▲ 영국 로얄 알버트 홀을 배경으로 함께 여행한 형제와 함께. 두 형제는 이 여행을 통해 더욱 깊은 형제애를 느끼지 않을까 생각된다(이름은 기억이 안 난다). 가끔 둘이 서로 다른 면을 볼 수가 있었는데 그래도 한 살 위의 형이 아우 챙기는 모습을 보면 기특하기도 했다.
사진의 왼쪽이 관동대 의대 2학년인 형이고 동생은 서울대 1학년인데 과는 모르겠다. 지금은 어엿한 어른이 되어 있겠지.

런던 대영박물관

▲ 영국이 그리스나 이집트에서 가져온 유물들.

▲ BC 600년 전의 미라. 조금은 마음이 짠하고 인생의 무상함을 느끼는 시간이었다.

유럽 서남부 여행을 마치며

10박 12일의 서유럽 여행. 프랑스, 스위스, 이탈리아, 영국의 4개국 일정을 모두 마치고 지금은 영국 히드로 공항으로 가고 있다(영국에서 밤 10시 출발, 11시간을 비행해 다음 날 4시쯤 한국 도착).

이번 서유럽 여행은 정말 힘든 여정이었지만 10박 12일의 마지막 날이라 생각하니 조금은 섭섭하고 언제 시간이 이리도 빨리 지나갔나 하는 생각이 든다.

대영박물관에서 BC 600년 전의 생생한 미라를 보며 인생의 무상을 느끼고 슬펐지만 인생의 무상이 아닌 내 인생의 행복한 여행 추억으로 내 건강이 허락하는 한 몸과 마음속에 깊이 담고자 한다. 그리고 10년, 20년 그리고 30년 뒤에도 하나씩 하나씩 꺼내서 회상하고 싶다.

너 힐러리는 정말 잘 살아온 인생이야 하며 입가에 미소를 지을 수 있는, 후회 없는 삶을 살아볼 생각이다.

이제는 조금 여유 있는 여행을 해야지. 체력적으로도 조금 힘들다.

집에서 나를 기다리고 있을 두 녀석, 우리 강아지 다미와 다정을 생각하니 마음이 설렌다. 빨리 보고 싶기도 하고 나의 보금자리 허리우드 악기사도 걱정이 된다.

정말 힘들고 긴 여행 서유럽 4개국 여행을 마감하며 나 힐러리는 집으로 돌아가고 있다. 2015년 7월 8일 인천으로 돌아가는 비행기 안에서 이 글을 쓰고 있다. 30분 뒤면 인천공항에 도착. 떠나는 설렘보다 한국에 돌아오는 설렘이 더한 여행.

그래도 힘든 여정이었지만 아쉬움과 작은 추억을 만들어 가는 서유럽 여행. 조금 시간이 지나면 또 다른 추억을 위한 다음 여행을 계획하겠지.

자, 일상으로 돌아가 힘차게 열심히 살아보는 거야!

PART / 3

지중해 주변국 여행

출발

2018년 6월 18일 월요일

정해놓은 시간은 참으로 빨리도 온다. 여행을 떠나기 전 바쁜 하루를 보내고 인천공항 밤 9시 도착. 출국 심사 후 공항 대기실에서 스웨덴과 한국의 월드컵 축구 경기를 보다 밤 11시 50분 두바이를 향해 출발.

오랜만에 떠나는 여행인데도 설렘보다는 아, 지금 나는 여행을 떠나네 하는 차분한 마음이다. 모든 시간은 지나가는 것이지만 지나가는 순간순간에도 허전하지 않은 뿌듯함과 설레임이 있는 시간이 되었으면 한다.

나 없는 동안 도와줄 조카 수민이한테 악기사 열쇠를 주고 집에 들어가 가방을 챙겨 7시쯤 나오는데 나의 사랑하는 강아지 다미 녀석은 내가 멀리 떠나 며칠 못 보는 줄 아는지 여행 가방을 들고나오는데 평소에는 들어가지도 않던 엄마 방에 들어가 숨어서 나오지도 않는다.
나 없는 동안 밥 잘 먹고 잘 지내야 해 인사하고 집을 나섰다(여전히 차 타는 곳까지 엄마의 배웅을 받으며).

여행사에서 정해준 모이는 시간은 공항에서 오후 8시 30분까지라고 했는데 웬걸, 아파트 앞 버스 정류장에서 공항버스 타면 쉽게 갔는데 규정이 바뀌어 기내에 실을 수 있는 가방 아니면 버스 탑승 못 한다고 기사 아저씨가 말씀하셔서 택시를 바쁘게 잡아서 타고 공항까지 거금을 들여 도착.
지금 내가 글을 쓰고 있는 곳은 두바이를 향해 떠나는 아랍에미레이트 비행기 기내다(지금 시각 밤 12시 55분). 출발한 지 딱 한 시간, 두바이까지는 9시간 걸린다.
항공사에서 제공한 귀마개를 하고 있는데 비행기 소음도 적고 아주 굿. 29일 돌아오는 비행기 안에서 나의 마음을 적을 때는 가벼우면서 허전하지 않은 뿌듯함이 깃들인 글이 써지길 바라며 11박 12일의 스페인, 포르투갈, 모로코로 떠나는 마음을 적어본다.

2018년 6월 19일 새벽 1시 힐러리

두바이 부르즈 칼리파

▲ 부르즈 칼리파를 바라보며 촬영한 사진.

▲ 123층에서 내려다보며 촬영한 두바이 시내 전경이다. 위에서 내려다본 시내에는 건설 중인 건물이 많았다.

▲ 두바이를 대표하는 건축물 부르즈 칼리파, 최고 높이 828m의 가장 높은 빌딩. 124층은 전부 막혀 있고 123층이 살짝 열려 있다. 부르즈 칼리파는 우리나라 삼성물산에서 시공했다.

▲ 부르즈 칼리파 건설 시공에 참여한 삼성물산 직원 사진이 있어 담아 왔다.

▲ 현지 가이드가 내 카메라 너무 좋다고 하며 내 사진을 여러 장 촬영해주었다. 24-14 광각 렌즈를 장착하고 있어 화각이 넓어 좋아 보였나 보다.

9시간 30분의 긴 비행 후 도착한 두바이 공항. 두바이 시간 새벽 4시 30분, 한국 시간보다 7시간이 늦다.

아랍에미레이트 연방을 구성하는 7개 토후국의 하나인 두바이. 산유국이면서 지금 생산량은 적지만 관광 수입과 국제무역항으로 발전한 중개무역 국가 두바이는 아랍어로 '메뚜기'란 뜻이다.

페르시아만의 작은 어촌이었던 두바이는 화려한 빌딩으로 가득 찬 세계적인 도시다. 토후국 중 유일한 국제무역항으로 발전한 나라이고, 중동의 뉴욕이라고 한다.

두바이는 같은 모양의 빌딩 건설은 허가가 안 된다. 건축물과 빌딩들의 모양이 예술적으로 보였다.

두바이 왕궁의 모습

▲ 두바이 왕궁 앞에 진열된 왕궁 차. 차량 번호가 7이다.

두바이 민속촌

찌는 듯한 날씨에 잠도 제대로 자지 못하고 오전 일정을 보내고 있다.
두바이 민속촌에 가기 위해 수상택시를 타고 강을 건너고 있다. 두바이 시민들도 자주 이용하는 수상택시다.

▲ 민속촌을 둘러보는 관광객의 모습

이사진을 촬영하는 시간 온도가 40도가 넘는다. 꼼짝도 하기 싫지만 그래도 두바이 해변을 사진에 담았다. 앞에 보이는 호텔이 유명한 호텔이라고 가이드가 설명해주었는데 정신이 없어 메모를 못 했다.
두바이에서 오전 관광을 끝내고 스페인 바르셀로나를 향해 출발. 두바이 공항의 크기가 대단하다.
또 7시간의 긴 비행 끝에 도착한 스페인. 이곳은 두바이하고 2시간의 시차가 있다. 한국을 떠나 장장 17시간의 긴 비행. 너무 힘들다.
이곳 시간 6월 19일 밤 9시 30분에 호텔에 들어와 샤워를 하고 바로 침대에 누웠다. 지금은 20일 새벽에 일어나 나의 여행기를 정리하는 중이다.
오늘의 바르셀로나 스페인 여행을 기대하며….

가우디의 미완성 작품 사그라다 파밀리아

◀ 길 건너 작은 연못에 반영된 사그라다 파밀리아 성당이다.

6월 20일, 스페인에서의 첫 일정. 오늘부터가 내가 원했던 진정한 스페인 여행이다. 즐거운 여행과 멋진 풍광을 기대하며 하루의 일정을 시작한다.
첫 관광지 성가족 성당(사그라다 파밀리아). 가우디가 설계해 만든 미완성의 작품 성가족 성당이다. 가우디 사망 100년이 다 되어 가는데도 지금도 공사 중이다. 2026년 가우디 사망 100년을 완성 시기로 정하고 공사 중이다.
바르셀로나라는 도시는 가우디가 후세대를 먹여 살리는 느낌이다. 위대한 건축가 한 명이 대대손손 후손들에게 많은 유산을 남겨주고 많은 위대한 유산을 온전히 보존하는 스페인 정부와 국민이 대단하다. 세계 여러 곳을 여행하며 오래된 문화유산을 잘 보존해 관광 수입을 창출하는 것을 보면 괜시리 부럽다.
이탈리아 로마를 여행하면서 위대한 예술가 미켈란젤로의 업적을 수없이 볼 수 있었다. 우리나라도 위대한 예술가 건축가는 없어도 문화유산을 소중히 지켜나가 많은 관광객이 찾아올 수 있게 했으면 좋겠다.

성당 서쪽 벽면 수난의 파사드. 예루살렘 성에서부터 십자가에 매달리는 예수의 수난사가 조각되어 있다. 이 조각은 가우디가 아닌 호셉 마리아 수비라치가 조각했다.
수비라치는 수난의 파사드를 조각하면서 가우디의 생전 모습을 넣었다. 1987년 올림픽공원의 하늘 기둥도 조각했다.

▲ 사진 속 칼을 든 조각품의 다리 부분 색상이 하얀색인 것은 손상된 부분을 다시 조각해서 그렇다. 원래의 색상은 하얀색인데 세월의 흔적으로 먼지가 쌓이고 색상이 변해 지금의 색상이 되었다.

성(聖)가족 성당. 가우디의 스승인 비야르가 설계해 건축을 맡아 성 요셉 축일인 1882년 3월 19일에 착공하였다. 비야르가 건축 의뢰인과의 의견 대립으로 중도 하차하고 1883년부터 가우디가 성가족 성당의 건축을 맡게 되었다. 가우디는 기존 설계를 재검토하여 새롭게 설계하였으며 이후 40여 년간 성당 건축에 열정을 기울였다. 스페인 내전과 2차 대전으로 중단되었고 1953년부터 공사 재개, 현재까지 공사 중이며 가우디 사망 100년 되는 2026년에 완공 예정이다. 이전에는 공사 비용 문제로 공사가 늦추어졌으나 지금은 성당 입장료로 충분한 재원이 조달되어 성당의 유지를 위해 하루 입장객을 제한해 철저히 관리한다. 2026년 완공되면 스페인 여행 다시 가야 될 것 같다.

▲ 아름다운 성당의 내부 모습을 넓게 촬영하고 싶어 16m 어안 렌즈를 사용해 촬영했다. 빛의 채광이 잘 들어올 수 있게 만든 스테인글라스 성당 내부.

가우디의 숨결을 느끼는 구엘 공원

▲ 요정들이 살 것 같은 사진 속의 건물은 가우디가 건축한 경비실과 경비원들의 집.

▲ 가우디 걸작 중의 하나인 구엘 공원. 가우디의 후원자였던 구엘 백작이 평소 동경하던 영국의 전원도시를 모델로 하여 바르셀로나의 부유층을 위한 전원주택 단지를 만들고자 계획했던 곳이다.

▲ 인체공학적인 의자. 편안한 의자를 만들기 위해 일하는 인부들을 앉혀보고 만들었다고 한다. 예쁜 커플들이 앉아 있어 사진에 담아보았다.

가우디의 아름다운 작품과 건물들 덕분에 눈 호강 많이 하고, 바르셀로나 여행을 마치고 다음 여행지를 향해 떠났다.

몬세라트 수도원 도착 전 방문 장소

바르셀로나를 떠나 몬세라트 수도원 방문 전에 점심을 먹었던 지역이다(지명은 모름). 다른 분들은 점심 식사를 하고 나는 조금 일찍 나와 가까운 곳을 스케치했다. 날씨가 어찌나 뜨겁던지, 그나마 바다에서 수영하는 분들을 보니 눈이라도 시원했다.

돌산 위에 세워진 몬세라트 수도원

▲ 나누어진 산이라는 뜻의 몬세라트. 깎아지른 기암절벽에 수도원을 건설한 까탈루니아인들의 노력. 독립을 염원하며 많은 까탈루니아 사람들이 방문한다. 가우디도 까탈루니아 사람이다.

▲ 가이드의 설명에 의하면 우리가 지나가도 동상의 눈은 우리를 따라오며 바라본다고 한다. 무슨 현상인지 그런 착시 현상이 있다.
성가족 성당 수난의 파사드를 조각한 수비라치의 작품.

▲ 나는 30유로를 내고 케이블카를 타고 올라왔다. 기차가 이곳까지 온다.

▲ 수도원 광장의 작은 원은 수도원 정문 앞에 조각된 성인들을 향해 소원을 빌며 기도를 드리는 포인트라고 한다. 몬세라트 수도원에서 유명한 에스꼴라니아 유소년 성가대. 내가 방문한 날은 월요일이어서 공연을 볼 수 없었다. 1시와 6시 30분 미사 때 공연한다.
다른 분들 여행기를 보니 내가 보지 못한 곳들이 많다는 것을 알 수 있다. 여행은 역시 자유여행이다.

◀ 몬세라트 수도원 입구 위에 조각된 성인들의 모습이다.

▲ 위 사진의 나무 네 그루는 각각 뜻을 품고 있다. 첫 번째 야자수는 아름다움, 두 번째 사이프러스는 고요, 세 번째 올리브는 평화, 네 번째 월계수는 영광.

스페인 여행 아침에 생긴 일

스페인 여행 둘째 날인 6월 21일. 아침 일찍 일어나 정리하고 어제 호텔에 들어오면서 본 마을이 예뻐 약간의 시간적인 여유가 생겨 식사 후 혼자서 인솔자한테 저 동네 한 바퀴 둘러보고 온다고 하고 7시 30분에 호텔 명함 챙겨서 나왔다. 동네 이곳저곳을 둘러보며 다니는데 강아지와 산책 나온 아줌마들이 이야기하고 있고 내가 앞을 지나가는데 강아지 녀석이 나에게 다가와 킁킁 냄새를 맡는다. 나의 애견 다미, 다정이 생각이 난다.
아기자기한 집들도 있고 조용한 마을. 시계를 보니 얼추 8시 15분쯤 되어 30분에 호텔에서 다음 여행지 출발이다. 호텔로 돌아가려고 하는데 웬걸, 출발시간은 다 되어가는데 내가 묵었던 Bartos 호텔을 찾을 수가 없는 거다.
내가 길치여서 이렇게 한 바퀴 돌아야지 했는데 방향 감각을 잃어버린 거다. 영어가 잘 안 되는 스페인 사람들한테 호텔 명함 보여주며 물어도 잘 모른다.
마지막에는 젊은 스페인 친구가 있어 물었더니 휴대폰 앱으로 지도를 찾아 알려주었는데 30m 정도 앞에 호텔이 보이는 게 아닌가. 스위스에서의 악몽이 다시 살아났다. 함께하신 분들은 가방 들고 다 나와 있고, 인솔자도 내가 안 와 전화하려고 하던 참이라고 한다.
시간은 늦지 않게 25분에 도착해 방에 가서 가방 챙기고 화장실도 다녀오고 무사 귀환. 남아 있는 여행 기간 동안 길 잃지 않게 조심조심 또 조심.
이렇게 조금은 당황스런 아침을 시작하며 그라나다의 알람브라 궁전을 향해 가고 있다.

클래식기타의 명곡 알람브라 궁전

▲ 헤네랄리페 정원의 모습이다.

◀ 어여쁜 왕비가 젊은 기사와 정분이 나 이 나무 아래서 왕이 기사를 죽였다. 모두 모르게 숨기고 가족들까지 모두 불러 죽였다.
그래서 죽은 나무지만 보존한다.

알람브라 궁전 내에 있는 멋진 공연장. 알람브라 궁전은 클래식 기타의 명곡인데 쓰리핑거 트레몰로 주법으로 연주된 유명한 곡의 제목이 된 궁전이다.
그라나다의 랜드마크이자 가장 귀중한 자산인 알람브라 궁전. 가톨릭 국가인 스페인에 이슬람 사원이 있다는 것.
스페인의 기독교 세력에 밀려 최후의 보루로 세운 알람브라 궁전은 최고의 걸작이다.

그라나다 시내와 시에나 설산

알바이신 언덕에서 본 알람브라 궁전

▲ 인도의 아그라 성을 연상하게 한다. 알람브라 궁전의 긴 역사를 현지 가이드로부터 듣고, 기록 사진 몇 장 남기고 내가 이곳에 다녀간 것에 만족한다.

알람브라 궁전을 향해 가는 여정

아침 8시 30분에 알람브라의 궁전을 향해 출발, 지금은 2시이며 차로 이동 중이다. 8시간 정도 차로 간다.

차창 밖으로 펼쳐지는 끝없은 평야, 끝없는 올리브 나무. 마을과 사람들은 볼 수 없다. 이 넓게 펼쳐진 올리브 나무를 누가 가꾸는지 궁금할 뿐이다. 주인은 다 있다고 한다.

오랜 시간 차로 이동하다 보니 인솔자가 이런저런 이야기도 해주고 영화 한 편 틀어줘서 보고 있다.

여행은 가슴 떨릴 때 가라는 말이 있다. 여행 떠나기 전 마음이 설렌 게 언제였나 뒤돌아본다. 아무런 근심 걱정이 없다는 거, 마음속에서 속삭이는 고뇌도 없고 그냥 무덤덤하게 가는 길도 내가 가야 하는 길.

짧은 여유를 느끼며 창밖의 평야를 바라보며 나의 노래 'Travel Road'를 흥얼거려본다. 여행할 때의 내 마음을 써본 가사다.

오, 아름다운 내 인생의 여행길이여. 언제나 변치 않는 나의 꿈이여(중간 생략). 아름다운 인생 여행, 꿈꾸며 꿈꾸며 살아가리라.

◀ 스페인의 그라나다 알바이신 언덕으로 올라가는 건물에서 LG 에어컨 실외기를 보았다.

▶ 꽃단장을 예쁘게 한 카페가 있다.

▲ 알람브라의 궁전을 바라보며 플라밍고 음악을 즐기는 관광객들. 플라밍고 음악에서 박수의 비트는 중요한 한 부분을 담당한다.

▲ 멋진 웨이터가 서빙해주면 맥주도 더 술술 넘어갈 것 같다.

알바이신 지역은 알람브라 성과 인접한 언덕에 자리 잡고 있으며 그라나다에서 이슬람 왕조가 축출된 후 이슬람교도들의 거주지가 되었다. 안달루시아 지방의 전통 건축물과 무어인 특유의 건축물이 잘 섞여 있어 이국적인 분위기를 느낄 수 있으며 흰 벽의 집들과 조밀한 골목이 미로처럼 얽혀 있다. 고지대인 산 니콜라스 전망대에서 알람브라 성의 모습을 볼 수 있다.
이곳은 9시 30분이 넘어야 해가 저물어 일몰에 비추어지는 알람브라 궁전의 모습을 볼 수 있다. 아쉽지만 일몰 장면을 뒤로하고 알바이신 언덕을 내려왔다.
그라나다시 광장의 펍(pub)에서 여행 멤버 모두가 그라나다 맥주를 마시며 즐거운 시간을 보내면서 여행의 피로를 풀었다. 그라나다 맥주는 시에나 설산에서 내려오는 물로 제조해 맛이 좋다. 일행 전체가 선택 관광을 해서인지 가이드가 그라나다 맥주 두 병씩 사주었다.
저녁 시간 아기자기한 알바이신 지역을 돌아보며 비록 옵션으로 돌아본 관광이지만 하루의 피로를 확 날려 보낸 기분 좋은 시간이었다.

▼ 알바이신 언덕에서 내려오는 길에 편안하게 서서 담소하는 분들의 모습이 보기 좋아 사진에 담았다(사진 촬영할 때는 몰랐는데 거울에 비친 나의 모습이 있다).

투우사의 고장 론다

▲ 따호강 절벽으로 신시가지와 구시가지를 연결하는 누에보 다리(누에보는 '새로운'이란 뜻이다). 120m 높이의 타호 협곡 위에 세워졌으며 론다의 구시가지와 신시가지를 이어주는 다리로 론다를 상징하는 대표적인 랜드마크다.

6월 22일, 여행 5일 차. 느긋하게 9시 30분 출발하는 날이다. 조금 일찍 일어나 정리하고 식사 시간에 여유가 있어 침대에 누워 하루의 일정을 점검해본다. 오늘 방문지는 론다와 미하스. 그곳은 어떤 곳일지 기대하며 하루를 시작한다.

론다를 향해 달려가는 버스 안, 차창 밖으로 펼쳐지는 끝없는 올리브 평야와 스피커를 통해 흘러나오는 조용한 올드팝. 내 앞에 앉아 계시는 나의 룸메이트 언니가 가볍게 노래를 따라 부르신다.

오랜만에 느껴보는 여유, 그리고 행복감. 이런 기분 때문에 여행을 떠나는 거 아닌지.

2년 동안 열심히 살았고 50대 초반 힘들었던 갱년기의 홍역도 지나갔다. 버스에 나의 몸을 맡기고 음악을 들으며 넓은 평야를 바라보며 달려가는 이 시간이 참 행복한 시간이다.

내 앨범에 수록된 곡, '나의 세상'. 내 인생은 내가 만들어간다는 가사. "바람 따라 흘러가는 인생길이 아닌 내 인생의 길을 가리라."

아침에 호텔 출발 전 살짝 컨디션이 안 좋았는데 다른 보약이 없는 듯 씻은 듯이 기분이 좋아졌고 괜시리 감상에 젖어든다.

▲ 투우사 동상이 있다.

▲ 투우하기 좋은 소의 몸무게는 620~640kg이다.
론다는 투우의 발상지로 가장 오래된 토로스 투우장이 있다. 사진 오른쪽 하얀색 건물이 토로스 투우장이다.

▲ 오래된 투우장 입구에 서 있는 노부부가 멋지다.

▲ 예쁜 처자를 보면 시선이 가는 건 당연하다.

▲ 혼자보다는 친한 친구와의 여행이 든든하다.

◀ 젊음은 아름답다. 다정하게 걸어가는 모습이 아주 예쁘다.

▶ 일본에서 오신 남성분이 클래식 연주를 한참 듣고 음반에 관심을 가진다. 나도 옆에서 한참을 들었다.

◀ 버스킹 하는 가수한테 관심이 없다. 음악 하는 사람에게는 박수와 관심이 최고의 선물인데….

하얀색 건물이 아름다운 미하스

▲ 미하스 입구에 있는 성당이다.

▲ 지중해가 내려다보이는 마을로, 아기자기하게 꾸며놓은 기념품 가게가 많은 곳이다.
짧은 시간에 마을을 돌아볼 수 있는 자그마한 미하스 마을이다.

▲ 미하스는 스페인 남부 안달루시아 지역의 지중해 해변에 있는 도시로 하얀색 건물들로 이루어진 곳이다.

▲ 미하스 마을의 골목이다.

▲ 사람이 아니고 인형이다.

햇살이 따가웠지만 아기자기한 미하스 마을을 이곳저곳 돌아보았다.

내가 여행 떠나기 전 뮤직 갤러리에서 드럼을 배우고 있는 고2 여고생 소현이(자폐 장애우)의 엄마가 저에게 여행 용돈 3만 원을 주셨다. 극구 싫다고 해도 주시길래 천진난만한 소현이가 생각나 상점을 돌아보다 소현이한테 어울릴 듯한 예쁜 천으로 만들어진 가방을 15유로 주고 샀다.

내가 한국에서 출발한 지도 벌써 5일이 지났다. 나의 보금자리 악기사는 조카 수민이가 잘 보고 있는 듯해 걱정은 안 해도 될 것 같다.

오늘의 일정은 다른 날보다 느긋해 일찍 호텔에 들어왔다. 스페인 여행을 하면서 새롭게 인연이 되어 방을 함께 쓰는 부산에서 오신 닉네임 장미 언니와 이런저런 인생 이야기를 나누고 하루의 일정을 마무리한다.

La Jarita

스페인 세비야 성당

▲ 외국에서 수학여행 온 친구들이 신나서 가고 있다.

햇살이 뜨거운 오후, 말에게 물을 먹이고 있는 마부. 나도 스페인 광장까지 가는데 40유로 내고 타고 갔다.
세비야 성당 입장 전에 카메라 배터리가 없어 촬영할 수 없었다. 버스는 갈 수 없는 곳에 있어 너무 속상했지만 휴대폰으로 촬영한 사진은 파일이 작아 올릴 수가 없었다.

▲ 세비야 성당 입장 전 짧은 자유 시간이 주어져 세비야 근처의 시내를 스케치했다.
여기까지 카메라로 촬영할 수 있었다. 카메라 배터리 다 사용해 더 이상 촬영 불가.

정열의 플라밍고 공연

차로 돌아와 카메라 배터리 교환하고 배터리가 없어 사진 촬영을 못 한 아쉬움을 잠시나마 잊고 플라밍고 공연장으로 향해 1시간 넘게 정열적인 춤 공연을 관람했다.
플라밍고에서 박수로 박자를 쳐주는 것은 또 하나의 악기다. 구두에 있는 징으로 박자를 맞추고 손에 들고 있는 캐스터네츠와 클래식 기타 연주 하나면 다른 악기가 필요 없다.
나는 공연장에서 정해준 자리에서 벗어나 직원에게 양해를 구하고 촬영하기 좋은 자리로 이동해 쉴새 없이 셔터를 눌렀다.
여성 댄서들이 너무도 섹시하다. 이곳에서 5유로에 판매하는 캐스터네츠를 몇 개 사 와야 했는데 그때는 생각을 못하고 나와서 아차 싶었다. 가이드한테 물어보니 다른 곳에서 살 수 있다고 해서 다음에 사야지 생각했지만 다음 여행지에서는 판매하는 곳을 볼 수가 없어 너무도 아쉬웠다.

오늘의 일정을 모두 마치고 호텔로 돌아와 샤워하고 침대에 누웠는데 신음 소리가 저절로 난다. 머리도 띵하고, 여행 올 때 서 선배님이 주신 에너지 보충제를 먹으면 괜찮을까 해서 두통약과 함께 먹고 잠을 청하는데 잠이 잘 오지 않는다.
저의 룸메이트 언니도 걱정하시고 잘 못 마시는 술이지만 혹시 소주 한잔 마시면 잠이 잘 올까 해 언니가 가지고 계신 소주도 한잔 마시고 누워도 잠이 오질 않는다.
한숨도 못 자고 일어나 포르투갈의 리스본을 향해 가는 차 안에서 글을 쓰고 있다. 너무도 속상하다. 세월 탓인가….
입맛도 없고 걱정이 돼 아침도 한국에서 가져온 쌀국수 끓여서 반 정도 먹고 식당 가서 아침도 조금 더 챙겨 먹었다. 얼마 남지 않은 여행 기간 동안 아프지 말고 잘 견뎌 무사히 한국에 돌아갈 수 있도록 건강 잘 챙기자.
지금처럼 사진 촬영하며 강행하는 패키지 여행이 가능할까 고민해보는 시간이다. 일단 체력이 딸린다. 카메라도 무겁고, 너무 속상하다. 제발 무사히 귀국할 때까지 아프지 말고 잠도 잘 자는 시간이 될 수 있도록 스스로를 잘 챙기자.
(돌아와 동생한테 이런 사정을 이야기하니, 에너지 보충제는 잠을 안 자고 싶을 때 먹는 거라고 하더라)

스페인 톨레도 대성당

▲ 스페인 가톨릭 교회의 총본산인 아름다운 톨레도 성당 내부.

◀ 톨레도 대성당의 모습이다.

6월 27일, 이번 여행에서 제일 일찍 출발하는 아침. 스페인 마드리드의 톨레도를 향해 6시 15분 출발.

오늘 아침은 식당에 가지도 않고 룸메이트 언니가 가져오신 포트로 물을 끓여서 쌀국수로 모처럼 포만감 넘치는 아침 식사를 했다.

유럽 여행하면서 느끼는 건데 참 야박한 나라들이다. 화장실 갈 때도 50센트 정도 내야 되고, 호텔에 포트도 없고, 물도 없고, 식당에서도 큰 호텔 아니면 주어진 물 다 마신 후에 더 마시고 싶으면 사서 마셔야 된다. 인심 좋고 치안 좋고, 우리 대한민국이 최고다.

어제저녁은 한 번도 깨지 않고 꿀잠. 저녁 10시에 잠자리에 들어 4시 30분까지 한 번도 일어나지 않고 행복한 꿀잠의 시간이었다.

잠을 잘 자서 그런지 일찍 시작하는 아침이어도 컨디션이 좋다. 지금은 안개가 살짝 드리운 아침 햇살을 받으며 스페인의 마드리드로 향하고 있다.

톨레도 대성당에 가기 위해서 에스컬레이터를 여섯 번 갈아타고 언덕 위로 올라갔다. 촬영할 때는 몰랐는데 사진 정리하며 보니 어린 시절 동화책에서 본, 과자로 만든 인형들의 집처럼 보인다.

톨레도 성당이 보이자 여행객들이 너나없이 성당 사진 촬영하기 바쁘다.

톨레도는 마드리드에서 70㎞ 떨어진 관광도시다. 그곳에 스페인 가톨릭의 총본산인 톨레도 대성당이 있다.

관광객이 가장 많이 찾는 톨레도 대성당은 프랑스의 고딕 양식으로 지어졌다. 페르난도 3세가 1227년 건설을 시작하여 266년이 지난 1493년에 완성되었다. 그리고 프랑스 왕 생루이가 기증한 황금의 성서도 보관되어 있다. 유럽의 여러 성당을 돌아보았지만 이곳도 참 아름다운 성당이다.

▲ 톨레도 성당 가는 길에 스케치한 사진이다.

▲ 세비야 성당과는 다른 느낌의 아름다운 성당이다.
지금도 사용 가능한 본당 성가대실의 파이프 오르간. 옆에 있는 호두나무 의자에는 개인 이름이 새겨져 있다.

▲ 톨레도 성당에서 수신기로 설명을 들으며 그림을 감상하는 예쁜 커플.

▲ 톨레도 성당 광장에서 버스킹을 하는 첼로 연주자다.

콘수에그라 풍차 마을

사진에서 맨 앞에 보이는 건물만 카페로 사용하고 있다.

콘수에그라는 『돈키호테』에 등장하는 풍차 마을이다. 여행 떠나기 전 다른 사람의 블로그 사진을 보고 떠난 여행지다. 패스의 가죽 염색장과 풍차 마을은 어떻게 사진 촬영을 할지 구상하고 떠난 곳이다. 하늘도 파랗고, 한가한 풍차마을을 시간에 쫓겨가며 나름 이런저런 구도로 촬영해보았다.

오늘의 일정도 풍차 마을 방문으로 끝이다. 스페인을 여행하며 중간중간 메모해둔 나의 여행기도 마지막 편 마드리드 여행만 남았다.

스페인의 수도 마드리드

6월 28일, 여행의 마지막 날. 오늘은 11박 12일의 스페인, 포르투갈, 모로코 여행의 마지막 날이다.
가볍게 카메라 렌즈 하나만 세팅하고 마드리드 시내를 돌아보는 시간이다.

시내 면세점에 들러 손지갑 하나 구입했다. 악기사를 꿋꿋이 지키고 있는 조카 녀석 지갑도 하나 구입하고 매장 한 바퀴 돌아보는데 내 맘에 쏙 드는 분홍색 구두가 있어서 구입했는데 지금도 잘 신고 다닌다.
남은 유로화는 초콜릿과 과자 사는 데 모두 사용했다.

▶ 마드리드주 청사의 모습.

'스페인의 시작은 이곳부터'. 스페인의 수도 마드리드주 청사 앞 0km 표식에 관광객들이 발을 놓고 사진 촬영을 한다.

▲ 스페인 마드리드 시내의 마을.

▲ 일요일 오전 강아지와 편안하게 산책하는 스페인 여인.

▲ 스페인 하몽 상점이 있어 사진에 담아보았다.

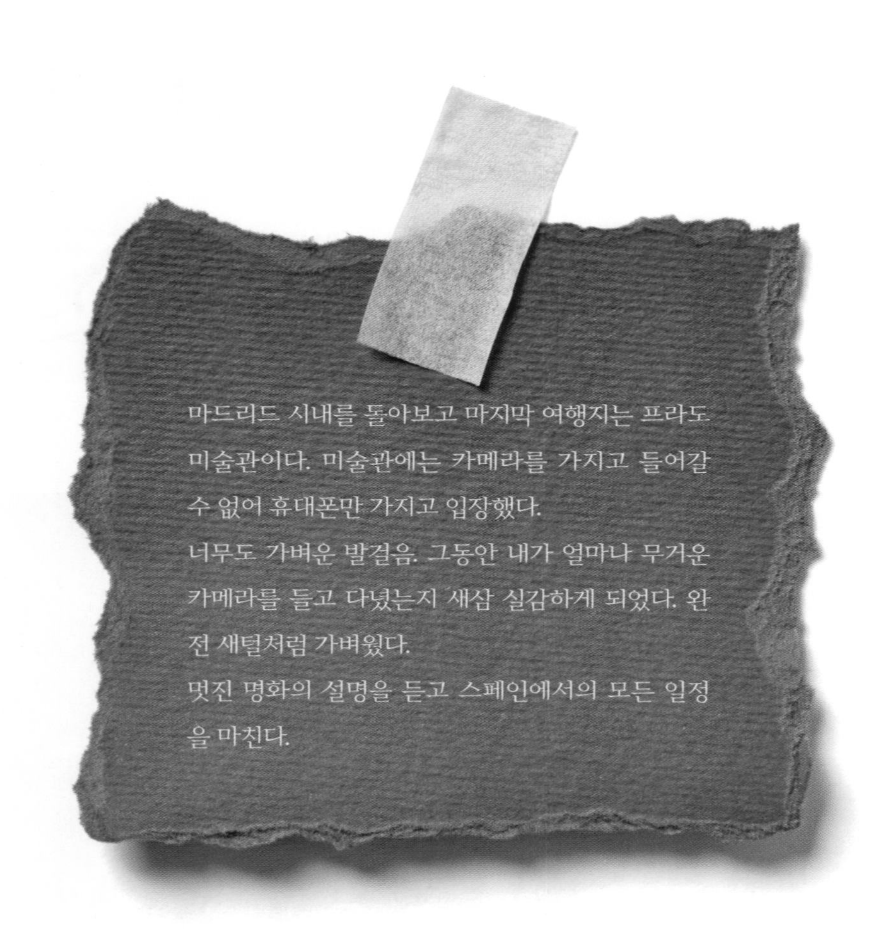
마드리드 시내를 돌아보고 마지막 여행지는 프라도
미술관이다. 미술관에는 카메라를 가지고 들어갈
수 없어 휴대폰만 가지고 입장했다.
너무도 가벼운 발걸음. 그동안 내가 얼마나 무거운
카메라를 들고 다녔는지 새삼 실감하게 되었다. 완
전 새털처럼 가벼웠다.
멋진 명화의 설명을 듣고 스페인에서의 모든 일정
을 마친다.

모로코를 향한 지브롤터 해협

▲ 함께 촬영한 예쁜 친구한테 나의 사진 한 장 촬영해달라고 했더니 영어를 잘 못 알아들어 나와 함께 촬영하자는 것인 줄 알고 내 옆으로 온다. 앞에 있던 멋진 외국인 친구가 알아들어 그 친구가 내 사진도 한 장, 예쁜 친구하고도 함께 한 장 촬영해주었다. 혼자서 여행을 다니기에 내 사진 촬영할 때는 현장에서 여행 오신 분들한테 부탁해 나의 사진을 한 장씩 남긴다.

6월 23일, 모로코에 가기 위해 아침 7시 출발. 지금은 모로코로 가는 배를 타기 위해 버스로 타리파 항구로 이동 중이다.
지브롤터 해협을 건너 50분 정도만 가면 아프리카의 모로코 탕헤르 지역. 모로코는 내가 지도하는 다문화 여성밴드 '너나우리'의 멤버 아스마 씨의 모국이기도 한 곳이다. 1970년대의 대한민국을 생각하면 지금 모로코의 현실이다. 사진 소재가 많을 듯해 기대를 하며 페리를 타기 위해 달려가는 버스 안이다.

▲ 갑판 위에서 물담배를 피우는 모로코 청년. 카메라로 촬영하니 포즈도 잘 취해준다.
페이스북 주소 알려줘 한국에 돌아와 촬영한 사진 보내주었다.

모로코 하산 탑에서 만난 인연들

▲ 세 명의 친구 중에서 가장 밝은 친구였다.

▲ 사원을 지키는 근위병의 모습.

▲ 모하메드 5세의 묘. 작은 하얀색 관 두 개는 하산 2세와 그의 동생의 묘다.
라바트의 상징이라 불리는 하산 탑 구시가지 이슬람 사원 안에 있다. 여기저기 허물어진 왕궁 터 안에 한 변이 16m에 이르는 정사각형의 웅장한 첨탑. 12세기 말에 높이 44m까지 세워졌지만 그 이후 공사가 중단되어 미완성인 채로 남겨져 있다. 첨탑 주변에 300개 이상의 돌기둥이 남아 있다.

▲ 하산 탑에서 다정하게 데이트하는 연인.

하산 탑에서 만난 여인들. 이 친구들 만나 웃고 이야기하며 사진 촬영하다 10분 정도 늦게 버스에 도착했다.
시간이 부족해 아쉬움이 남는 장소다.

▶ 할아버지와 나들이 나온 손녀와 손자.

카사블랑카의 하산 모스크

▲ 카사블랑카 하산 모스크. 세계 모스크 중 가장 높으며 사원 외부까지 총 10만 명 수용 가능한 사원이다.

사진 속 검정색 옷 입은 여성분이 손에 헤나를 한 걸 저한테 자랑하며 촬영하라고 손을 보여주었다.

하산 모스크에서 만난 밝은 친구들. 내가 좋아하는 사진 소재가 많은 곳이자 다문화 여성밴드 '너나우리' 멤버 아스마 씨의 모국 모로코. 모로코인들에게 어떻게 다가가야 하는지 조금은 알게 된 짧았던 시간. 이곳도 사람 사는 곳이었다.
조금은 아쉬움이 남는 하루지만 모하메드 5세 광장의 방문을 끝으로 오늘의 일정을 마무리한다.

모로코 패스의 메디나 거리

6월 24일, 다른 날보다 일찍 시작하는 하루. 새벽 4시 30분 기상. 아침 식사 후 6시 30분 패스를 향해 출발이다. 카사블랑카에서 패스까지는 서울에서 부산까지의 거리로 4시간 30분 정도가 걸린다.

지금 모로코의 날씨는 스페인보다 서늘하고 가벼운 겉옷을 입어야 될 정도다. 오늘은 날씨가 약간 흐리고 비가 내릴 듯한 분위기. 내가 여행 떠나기 전 이번 일정을 선택한 이유는 메디나의 가죽 염색 작업장 테너리를 사진에 담아보고 싶어 선택한 것이었다.

평소 해외여행을 할 때 200m 렌즈를 안 가지고 가는데 오늘 테너리 염색 작업장 촬영을 위해 가져왔다. 재미난 사진 소재가 많기를 기대하며 패스를 향해 달리는 차 안에서 글을 쓰고 있다.

세계 최대의 미로인 메디나. 9,400개의 길이 있어 유네스코에 등재된 주거 상업지역이다.
가이드가 어찌나 겁을 주던지, 이곳에서 길 잃어버리면 오렌지 장사를 해야 된다는 둥 일행으로부터 떨어지지 않도록 주의 또 주의를 준다. 더구나 나는 길치여서 바짝 붙어 다녀도 도로 폭이 채 1m도 안 되는 미로 옆으로는 상점이 즐비하고 정말 복잡하다. 차가 올 수도 없는 곳이라 손수레나 당나귀 또는 조랑말들이 물건을 나른다.
사진 또한 현지인들이 싫어하니 조심해서 촬영하라는 당부의 말.

▲ 중세 시대 적군의 침입을 막기 위해 세워진 미로로 이어진 건축물이다.

▲ 메디나 골목 안에 자리한 작은 사원.

천연 가죽 염색장 테너리

무두질은 동물의 원피를 물로 씻어내고 털, 지방, 살과 같은 불필요한 성분을 제거하는 과정이다. 오일을 흡수시켜 제품을 만들기 편하게 가공한다.

염색장 수조의 색상이 다른 이유는 갈색의 나무껍질, 녹색의 박하, 빨간색의 개양귀비꽃, 파란색의 인디고, 노란색의 샤프란꽃 등을 첨가했기 때문이다. 이 천연 재료를 사용하여 착색이 잘되도록 동물의 배설물이 첨가되고 염료가 골고루 스며들도록 계속 뒤집어준다. 동물의 배설물을 사용해 악취가 심했던 거였다. 사진 속 수조의 용도도 확실히 알게 되었다.

우리가 도착하기 전 중국인 관광객들이 파란색 잎들을 손에 들고 코에 대고 있다 코에 꽂고 있는 분들도 있었다.
심한 악취가 코를 자극한다. 박하 잎사귀가 악취 냄새를 완화해준다고는 하나 나에게는 별로 효과가 없었다.
테너리 사진 촬영은 가죽제품을 판매하는 상점의 3층에서 창문을 통해 내려다보며 촬영해야 된다. 이 장면을 촬영하기 위해 200m 렌즈도 장착해 왔는데 다른 분들은 가죽상점으로 내려가고 나 홀로 그곳에 남아 촬영했다.
이곳에서 일하시는 분들은 하루에 10달러 정도 받는다고 한다. 냄새도 심하고 작업환경 또한 안 좋다. 힘들게 일하는 작업자들한테 미안한 마음이 들었다.

패스에서의 일정을 마치고 탕헤르로 가는 길, 왕궁에서 만난 가족과 나의 룸메이트이신 장미 언니와 함께 촬영했다.

지금은 패스에서의 모든 일정을 마치고 모로코 탕헤르의 숙소로 달려가고 있다. 오늘 하루 종일 버스 타는 시간이 족히 10시간은 된 듯하다.
날씨의 변화가 심해서 그런가, 살짝 목도 아프고 컨디션이 조금 안 좋다. 한국으로 돌아가는 날까지 긴장을 놓아서는 안 된다.
탕헤르 숙소에 도착한 후 시내의 맥도날드에서 장미 언니 가족과 함께 시원한 쉐이크 한잔 마시고 시내 구경하고 모로코에서의 일정을 마무리한다.

포르투갈 리스본 로시우 광장

◀ 로시우 광장의 바닥 문향이 기하학적이다.

▶ 로시우 광장의 분수와 동 페드로 4세의 동상이다.

6월 26일, 여행 9일째. 한숨도 자지 못하고 시작하는 아침. 걱정이 앞서지만 그런대로 괜찮은 듯하다.

포르투갈 여행을 위해 이른 출발. 이곳은 운전기사 보호 차원에서, 그리고 안전 운전을 위해서 2시간 30분 운전을 하면 무조건 10분 이상 휴식을 취해야만 된다.

버스로 2시간 30분 정도 달려서 도착한 첫 번째 휴게소. 앞으로 몇 시간은 더 타야 되는 버스에서 조금이라도 잠을 자볼 생각으로 맥주 한 병을 샀다. 술을 별로 좋아하지 않아 잘 안 마시는데 작은 병이였지만 맥주 한 병이 술술 넘어간다. 맥주 맛도 아주 좋았고 한 병을 다 마시고 포르투갈 도착하기 전에 차에서 1시간 이상 푹 자고 기분도 많이 좋아졌다.

▲ 그늘에서 쉬고 있는 여성분과 동상이 잘 어우러져 촬영해보았다.

▲ 살아서 움직일 듯한 그라피티 작품. 툭툭이를 타고 가며 카메라에 담았다.

툭툭이 타고 온 성모 언덕

▲ 바람의 언덕에서 바라본 전경. 미국의 금문교를 모델로 만든 4·25 다리.

우리 툭툭이 기사는 남자였다.
뒤에서 달려오는, 예쁘게 꾸며놓은 여성 기사분 툭툭이. 내가 앞에서 카메라로 계속 사진 촬영을 하니까 포즈까지 취해준다.
툭툭이는 전기차다. 한 차에 4명씩 탑승했다.

관광하고 도착 후 여성 기사분과 함께 촬영했다.

제로니무스 수도원

▲ 석회암으로 된 제로니무스 수도원은 한 변의 길이가 약 300m에 이르며 웅장하고 화려한 노르만 고딕 양식으로 지어졌다.
제로니무스 수도원은 대항해 시대의 선구자 엔리케 항해 왕자가 세운 예배당에 미누엘 1세가 제로니무스 수도사들을 위해 수도원으로 건립하였다.

▶ 수도사들이 먹었던 에그타르트 빵의 비법 그대로 만들어 판매하는 빵집 앞이다. 그 빵을 먹기 위해 긴 줄의 기다림이 있다.
여성분이 슬리퍼 신고 관광하다 발이 아픈지 치료하고 있다.

▲ 요즘 선진국의 척도는 시내 안에 공원과 녹지가 얼마나 잘되어 있는가에 비례한다. 영국 갔을 때도 영국 런던 시내 안에 하이드파크가 자리 잡고 있어 부럽기도 했는데 이곳의 공원도 나무를 보아 아주 오래된 공원인 것 같다.

◀ 벨렘탑. 날씨가 뜨겁기도 하고 시간도 빡빡해 벨렘탑까지는 못 가고 작은 갑판에서 음료수를 판매하는 곳이 있어 과즙기 기계의 손잡이를 넣어 탑을 사진에 담아 보았다.

유럽 대륙의 서쪽 땅끝마을 까보다로까

▲ 저 앞에 보이는 십자가 탑 앞 까보다로까 글씨가 새겨져 있다. 십자가 탑에서 인증샷을 촬영하려는 사람들이 줄을 서 있다.

▲ 유럽에서 3번째로 오래된 등대다.

◀ 까보다로까를 덮고 있는 다육이. 나의 보금자리 허리우드 악기사와 집에도 다육이가 많다.
몇 년 실패하다가 다육이 기르는 방법을 올해서야 조금 알게 되었다. 나의 다육이와 화초는 잘 자라고 있겠지?

포르투갈의 서사시인 Camoes는 이곳을 '땅이 끝나고 바다가 시작되는 곳'이라는 뜻으로 '까보다로까'라고 했다.

▲ 유명한 브랜드의 스포츠카가 셀 수 없이 많이 서 있다. 자동차 드라이브 코스인가 보다.

성모 발현 성지 파티마

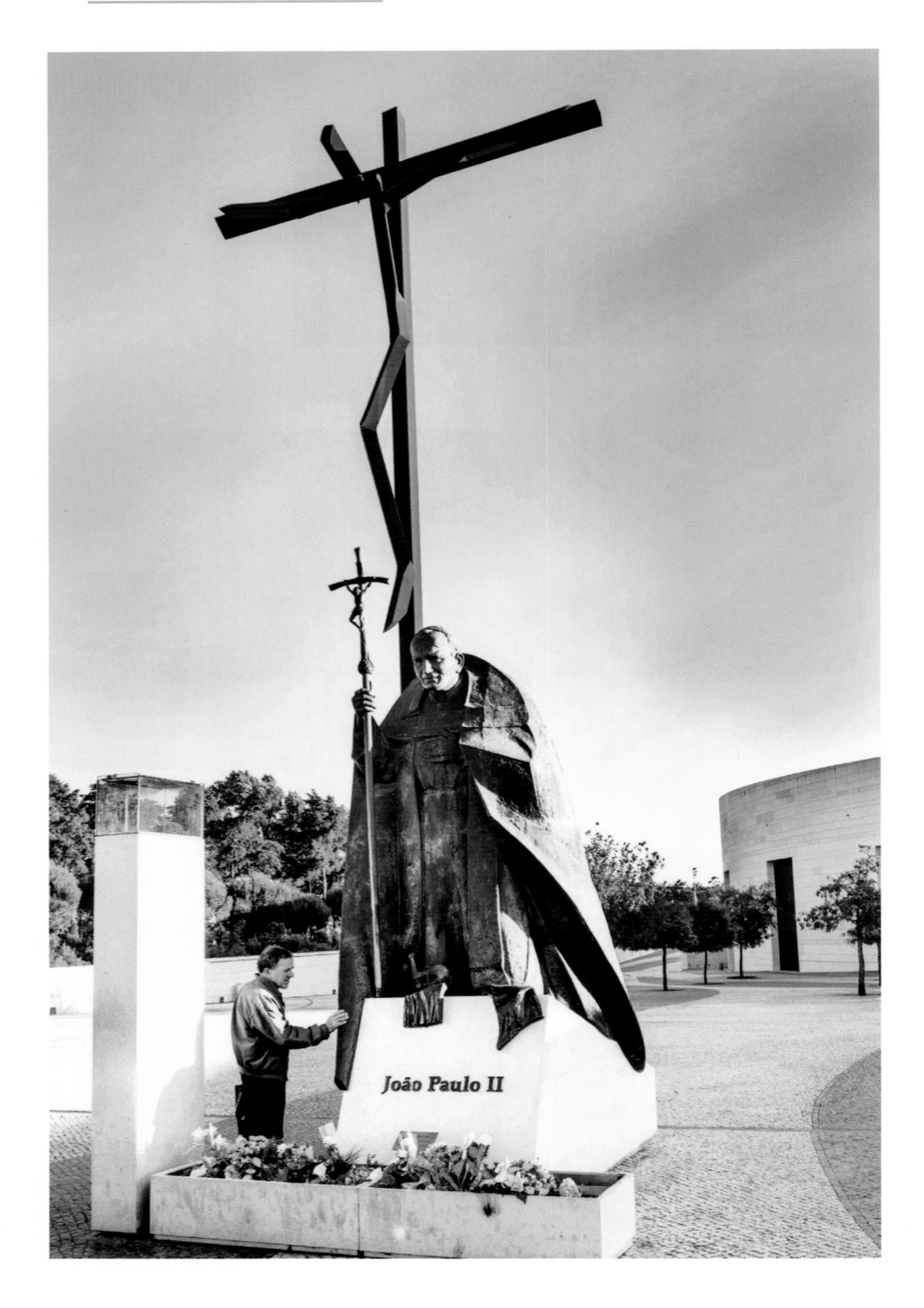

바실리카 성당

야외 미사. 지금 시간은 저녁 8시 30분. 사람들도 많지 않고 조용한 저녁 시간이었다. 나에게 많은 감명을 주신, 맨 뒤에서 기도하시는 수녀님 덕분에 가톨릭 신자가 된 것 같다.

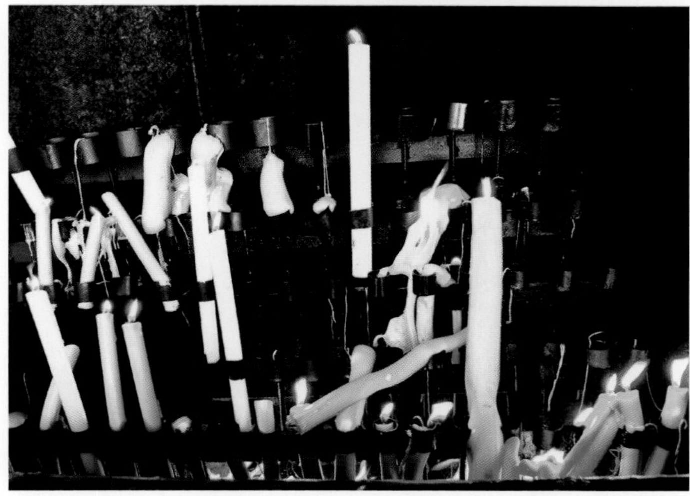

파티마 성지를 방문하시는 가톨릭 신자분들이나 일반인들도 소원을 빌며 초를 구입해 촛불을 올린다.

▲ 종교가 없는 나지만 수녀님의 간절한 기도가 나에게도 느껴졌다. 혼자서 천천히 바실리카 성당을 둘러보다 간절히 기도하시는 수녀님의 모습을 보며 조금 떨어진 곳에 앉아 모습을 사진에 담고 싶어 기다리고 있었다. 수녀님이 눈물까지 흘리시며 기도하시는 모습에 수녀님의 기도를 방해할 수가 없어 카메라 셔터를 누를 수가 없었다. 마음속에 작은 여운을 남긴 채 바실리카 성당을 떠나 숙소에 들어왔고 그렇게 하루의 일정이 끝났다.

지중해 주변국 여행을 마치며

마드리드 공항에서 두바이를 향해 3시 30분 출발, 9시간의 긴 비행 끝에 두바이 도착. 오는 동안 두바이인 가족이 옆자리에 앉아 있어 지루한 줄 모르고 두바이 공항에 도착했다.

공항에서 2시간 경유 후 인천으로 향하는 비행기 안. 지금 6시간 정도 비행 중이다. 집으로 돌아간다는 안도감 때문인가, 세상모르고 자다가 일어나 내 여행기의 마지막을 정리 중이다.

아쉬움이 없는 긴 여행, 너무도 힘들었던 여행. 앞으로 이렇게 긴 여행은 체력 보강을 하고 떠나야겠다고 생각한다.

내 삶의 숙제를 한 페이지 넘기며 스페인, 포르투갈, 모로코의 11박 12일 힘든 여행을 정리한다.

보고 싶은 나의 강아지 다미와 다정이 있는 곳, 나의 집. 나의 보금자리 허리우드 악기사로 빨리 가고 싶다.

2018년 6월 29일 인천행 비행기 안에서 힐러리

P.S.

힘들고 긴 여정이였지만 집으로 돌아오는 택시 안에서 노트를 꺼내 나의 마음을 적어본다. 왠지 허전함이 느껴진다. 세월 탓인가?

그래도 좋은 룸메이트 언니를 만나서 조금은 위로가 되었던 스페인 여행.

2018년의 여행은 끝을 내고 하반기에 잡혀 있는 나의 일들 잘해나가자.

힐러리 넌 잘할 수 있어! 또 다른 멋진 세상을 위해서 힘껏 달려보는 거야.

PART / 4

인도 여행

출발

떠나는 비행기 안에서 항상 나는 헤드폰을 귀에 걸고, 눈을 지긋이 감고 머리를 의자에 편안하게 기댄 채 빵빵한 사운드로 MP3 플레이어에 담아놓은 음악을 들으면서 간다. 오랜만에 느끼는 편안함과 자유, 그리고 내가 혼자라는 것을 더욱 실감 나게 하는 시간이다.

언제부턴가 여행 떠나기 전 들뜨고 설레는 마음보다는 더욱더 차분해지는 내 마음을 느낄 수가 있었다. 몇 년 전만 해도 여행할 때는 복잡하게 많은 것을 생각하며 삶에 대해 고민하고 열심히 살자고 다짐하며 가던 시간이었는데….

이번 인도 여행은 나름대로 여행에 대한 나의 마음을 글로 담기로 생각하고 출발했다.

비행기 출발 30분 정도 지나 준비해 간 노트를 꺼냈다.

내가 왜 여행을 떠나는가 하고 나 자신한테 질문을 던져본다. 그냥 무료함을 달래기 위해? 아니면 스스로 정해놓은 삶의 규칙을 지키기 위한 의무감? 언제부턴가 여행은 삶의 큰 활력소이자 내가 살아가는 의미를 되새기게 하는 큰 힘이 되어주었다.

여행의 여운은 아마도 5~6개월 정도 가지 않나 생각한다.

지난 5월 초, 3일 동안 혼자 걷는 제주도 올레길 여행은 내가 평소에 다니던 여행이 아닌, 또 다른 여행의 경험이었다.

음악이 있어서 외롭지 않았고 더욱더 의미 있었던 여행. 그때의 그 벅찬 나의 감정을 누군가에게 전해주고 싶어 마라도에서 막냇동생 순진이한테 전화해 주절거리던 생각이 떠오른다.

2007년에 인도 여행을 가려고 했다. 출발 하루 전 짐 다 싸놓고 장염에 걸려 새벽에 병원 응급실까지 가서 무슨 여행이냐며 의사 선생님한테 혼나고 진단서 발행해주셔서 여행사로 연락하고 다행히 여행비는 돌려받고 가지 못했던 인도. 여행사에서 받은 배낭도 돌려주었다.

이렇게 포기한 여행이기도 했고, 사진 소재의 무궁무진한 보고라는 말도 많이 들어 정말 가보고 싶었던 인도. 이번 여행은 사진 하는 분들만 함께하는 출사 여행이다.

내 인생의 영원한 친구, 사진 촬영. 그러나 2002년 인도네시아 단체 촬영 여행과 2004년, 2009년 태국 사진 출사 여행이 나에게는 흥미롭거나 매력이 있는 여행이 아니었기 때문에 망설였다.
물론 그때는 인천 사진작가 협회 회원들만 함께했던 여행이었지만 모두 사진 찍기에 급급했고 함께 출사 떠난 회원들도 많았고 여러 가지로 여유가 없었던 여행이었다. 그리고 여행은 새로움에 대한 도전이라 생각하는데, 아는 사람들끼리만 단체 여행으로 가는 것도 별로였다.
혼자 여행하며 새로운 사람들과 낯선 곳에서 혼자라는 것을 느끼며 적응해나가는 법도 배울 수 있었다. 생면부지의 사람들과 빨리 친해지는 법도 여행을 통해 터득할 수 있었다.

그러나 사진 출사 여행이 아닌 패키지 여행을 하면서는 항상 빡빡한 일정에 쫓겨 사진 촬영의 아쉬움이 남았다. 그러나 이번 인도 여행은 소수의 사진 출사 여행이고 인도에 가고 싶은 사진가들이 각자 모여 떠나는 출사 여행이라 나도 함께 떠나게 됐다.
이번 여행은 대구에서 오신 부부 두 커플, 혼자 오신 대구 남자분, 광주에서 혼자 오신 남자분, 그리고 나. 모두 7명이 여행객이고 사진을 하시는 여행사 여사장님이 동행한다.
공항에서 모여 서로 인사하고, 대구에서 오신 분과 광주에서 오신 남자분은 친해져서 사진 이야기 꽃을 피웠다. 아마도 취미가 같기 때문이 아닐까?

인천공항에서 인도항공 비행기를 타고 홍콩 경유, 델리의 인디라 간디 공항 도착. 인도는 한국보다 시차가 3시간 30분 빠르다.
인천공항에서 출발이 한 시간 늦어져 오후 3시 30분 출발. 홍콩 공항에서 1시간 경유. 인디라 간디 공항 도착하니 현지 시간 10시 30분(한국 시간 새벽 2시). 무려 10시간 30분 정도를 비행기 타고 왔다.

간디 공항은 깔끔했고 정리가 잘되어 있었다. 기내에서 나와 출구까지 나오는데 검문 검색이 어찌나 심하던지. 짐 찾아 나오니 현지인 가이드가 유창한 한국말로 우리를 반겨주었다.
공항에서 20분 거리의 Mapple Emerald 호텔 도착. 저층의 작은 호텔이었는데 나름대로 깔끔하고 잘 꾸며져 있었다.

가이드가 설명하는 동안 우리는 호텔 로비 의자에 앉아 쉬고 있었다. 무슨 행사가 있는지 럭셔리하게 잘 차려입은 남녀들이 여러 명 왔다 갔다 한다.
나는 잘생기고 예쁜 인도 남녀를 보고 있었는데, 오른쪽 로비 끝 쪽에서 나오는 신명나는 음악 소리가 나의 몸을 그쪽으로 이끌었다. 혼자서 슬그머니 일어나 리셉션 홀 있는 곳으로 가보니 인도 커플 결혼식 피로연이다.
또 나의 호기심이 일어 초대되지는 않았지만 그 속으로 들어가보았다. 피로연장엔 깔끔하게 차려입은 하객들이 서서 서로 이야기하고 술 마시며 즐거운 시간. 앞쪽 스테이지에서는 신나는 음악을 MR로 틀어놓고 악사 한 명이 핸드 전자드럼을 연주하고 있었다. 신랑, 신부, 하객들은 그 앞에서 흥겨운 리듬에 춤을 추고 있었다. 두 명의 카메라맨은 열심히 사진 촬영하기 바쁘다.

아마도 부유한 집 자식들인지 결혼식 피로연을 꽤나 성대히 한다. 빈부의 격차를 느끼게 하는 장면을 볼 수 있던 저녁이었다.
몸이 음악을 타며 나를 그쪽으로 부르지만 참자 하며 그곳에서 나왔다.

긴 비행 끝에 도착한 인도의 Mapple Emerald 호텔에서 첫날밤을 보냈다.

P.S.

2010년 9월에 7박 8일로 떠난 여행.

내가 쓴 글을 읽어 보니 많이 부족하지만 수정하지 않고 13년 전의 나를 느끼기 위해 원본 내용 그대로 출간한다.

많은 내용의 글들로 빼곡히 적은 인도 여행기. 컴퓨터를 잘하지 못해 '힐러리 포토 여행기'에 글과 사진을 올리며 힘들었던 시간도 생각난다.

7박 8일의 여행 일정을 한 달에 걸쳐 여행기로 올리면서 마지막 편에는 눈물을 흘렸던 기억도 난다. 힘들었기도 하고 뿌듯하기도 해서다.

2010년 인도 여행 후부터는 여행 갈 때마다 꼭 여행기를 쓴다. 그 햇수가 벌써 13년이 지났다.

인도 여행은 여행기보다는 사진으로 나의 마음을 대신한다.

인도에서 만난 여인들

▲ 도전적인 소녀.

▲ 모정이 느껴지는 사진이다.

◀ 촌가의 여인. 외모가 참 수려한 미모의 여인이다.

▶ 거리에서 만난 여인. 힘든 세상 속에서도 행복함을 느끼는 인도 여성들이다.

▶ 수줍은 미소. 뒤에는 옥수수밭이 끝없이 펼쳐져 있다.

◀ 타지마할에서 딸과 함께 걸어가는 여인의 모습.

◀ 타지마할에서 만난 여인들.

▼ 아름다운 장신구로 예쁘게 꽃단장한 여인들이다.
어디서 나왔는지 모를 원숭이 녀석이 까메오 출연을 했다.

◀ 조금 익살스러운 여인. 부엌에서 물동이를 들고 나와 옆구리에 끼고 사진 촬영을 부탁했다.
여인의 집에서 촬영하고 즐거운 시간을 보내고 나오는데 우리를 보며 우유 통을 머리에 이고 빼꼼히 우리를 보며 포즈를 취하고 있다.

▲ 재봉틀을 돌리고 있는 여인은 내가 하고 있던 귀고리를 달라고 해 잊지 못하는 인도 여인이다. 하지만 내가 좋아하는 귀고리여서 줄 수가 없었다.

▲ 아빠, 오빠와 함께 인도 전통 악기를 연주하는 소녀.

▲ 결혼한 지 얼마 안 된 새색시. 옆집 남자를 보고 얼른 얼굴을 가리던 여인이다.

▲ 내 손을 잡고 자기네 집으로 데려가 본인 사진을 촬영해달라고 하던 여인이다.

▲ 시골 마을에서 만난, 물동이를 이고 있는 여인들.

▲ 아기들한테 검은 아이라이너를 눈에 칠해주는 것은 잡귀 붙지 말라는 의미라고 한다.

▲ 이마에 반디가 없다.
동생을 안고 있는, 아직 결혼을 안 한 소녀. 낯선 사람을 보고 아기가 놀라 울었다.

▲ 두 가족 모두 피는 못 속인다. 두 아이가 엄마를 많이 닮았다.

▲ 인도 농촌의 촌가에서 만난 호기심 가득한 소녀들. 아, 뒤에 엄마도 한 분 계신다.
10여 년이 지난 지금 소녀들도 중년 여성이 되어 있겠지. 이목구비 뚜렷한 미인들은 인도에 다 있는 것처럼 예쁘다.

인도에서 만난 여인들

설렘과 함께 도착한 인도. 형형색색의 원색으로 치장한 아름다운 인도 여성들로부터 눈을 뗄 수가 없었다.
사리 속에 감추어진, 이목구비 뚜렷한 아름다운 미모와 화려한 장신구로 치장한 인도 여성들. 남성 상위의 사회에서 여성들이 자기 표현의 한 방법으로 전통의상 사리 속에 화려한 헤나와 장신구를 감추며 꾸미는 것이 아닐까 하고 생각해본다.
여행 다니며 내가 만난 시골의 인도 여성들은 너무도 순수했다. 옆집 남자를 보고 얼른 사리로 본인의 얼굴을 가리던 경계심 많던 여성들이 저에게 마음을 열어주고 사진 촬영까지 허락해주어 감사하게 생각한다.
물론 내가 여성이라서 경계의 끈도 풀었을 것이고, 동양의 자그마한 여성이 카메라 들고 이야기 걸어오는 모습이 신기하기도 했을 것이다.
사진 정리하면서 한 분 한 분의 모습이 새롭게 떠오른다. 모델 못지않게 포즈도 잘 취해주시고 밝게 웃어주시던 분들. 아이들과 함께 사진 촬영해주신 여인들, 제 손을 잡고 자기 집에 가서 촬영하자고 하던 여인, 물동이를 가지고 나와 머리에 이고 포즈를 잡아주던 여인. 다시 한번 감사드린다.
많은 것을 생각하게 해주었던 인도 여행. 비록 우리의 1970~1980년대의 생활을 하고 살지만 행복은 문명의 척도가 아닌 것을 알았다.
순수하고 밝은 인도의 여성들을 보면서 진정한 행복이 무엇일까 하고 스스로에게 물어본다.

인도 자이푸르 시장 사람들

▲ 저녁 시장 나온 인도의 주부들. 조금이라도 좋은 마늘을 찾기 위해 열심히 고르고 있는 알뜰한 주부들이다.

▲ 인도 말은 몰라도 분명히 이렇게 외치고 있을 것 같다.
"싸고 맛있는 옥수수가 여기 있습니다. 어서들 오셔서 사 가세요."

▲ 사진 촬영하니 더 큰 소리로 외친다. 우리 수박처럼 생겼는데 크기가 작다.

자이가르성의 지극한 모성의 원숭이

▲ 내가 태어나서 원숭이를 가장 많이 본 날. 자기 새끼 지키려는 지극한 모성애가 나의 마음을 따뜻하게 해주었다.

천진난만한 소년들

▲ 찬드 바오리 앞에서 만난 남학생들. 사진 촬영하자고 하니 깔깔거리며 웃고 있다.

▲ 시골 마을에서 만난 잘생긴 소년.

▲ 델리에서 만난 여인들. 시골에서 서울 구경 온 것 같았다. 저 녀석은 엄마 옆을 못 떠난다.

▲ 간식 먹는 소년들. 바라나시에서 배 타고 지나며 촬영했다.

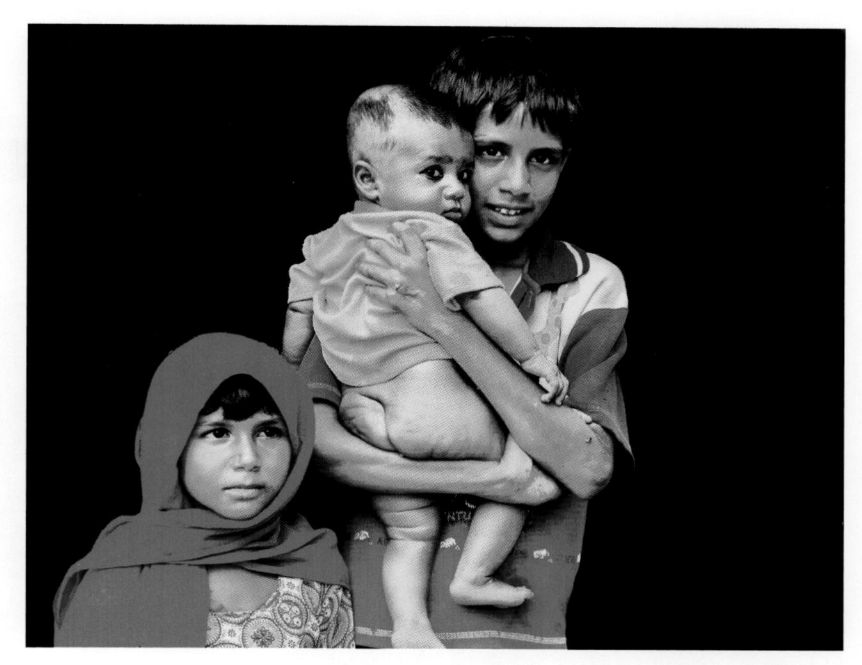

▲ 시골 마을에서 만난 삼 남매. 큰형이 동생들을 잘 보살피고 있다.

▼ 타지마할의 뛰어가는 소년.

사랑하는 여인을 위해 건축한 타지마할

▲ 내가 방문한 날 타지마할에는 억수같이 비가 내렸다.

▲ 타지마할에서의 인연. 비 오는 날 타지마할 나들이한 청년들. 한껏 멋들을 냈다.
아름다운 청춘이다. 아주 멋진 추억 한 장을 만든 날. 그 속에 나도 있다.

타지마할은 무굴 제국의 황제 샤 자한이 사랑하는 부인 뭄타즈 마할 왕비가 아이를 낳다 사망하자 부인을 추모하기 위해 건립한 곳이다.
궁전 형식의 무덤으로 구성된 건축물이다. 1983년 유네스코 세계문화유산으로 지정되었다.

아그라 성

샤 자한은 7년 동안 아그라 성에 감금되어 사랑하는 아내 뭄타즈 마할이 묻혀 있는 타지마할을 바라보고 그리워하며 일생을 마쳤다.
정말 애잔한 사랑 이야기. 지금 현대사회에서도 가능한 러브스토리일까?

시골에서 만난 목동들

인도의 바라나시

▲ 이른 아침 갠지스강에서 목욕 후 기도하고 있는 인도인들의 모습이다.

▲ 이른 아침 바라나시에서 갠지스강을 건너 화장터를 보기 위해 관광객을 태우고 가고 있는 배.

바라나시 갠지스강 앞에서 푸자. 브라만이 제를 올린다. 이 행사를 보기 위해 많은 사람이 모여 있다. 내 눈으로 확인할 때 천 명은 넘는 것 같다.
낮에 이곳을 방문했을 때 이 축제를 보기 위해 미리 이곳에서 기다리고 계시는 분들이 많았다.

▲ 푸자. 제를 올리는 브라만.

▲ 잘생긴 젊은 브라만.

▲ 제를 올리기 위한 제단이다.

▲ 푸자를 보기 위해 바라나시에 미리 와서 기다리는 가족들이다.

바라나시에서 만난 수행자

▲ 다정하게 담소하시는 모습이 보기 좋았다.

◀ 바라나시 화장터를 보고 마음이 우울해 좁은 골목을 걸어 나오는데, 수행하는 분인지 독특한 모습으로 계셔서 사진에 담아보았다.

▲ 무엇을 찾기 위해 긴 수행을 하시는지 궁금했다.

राम राम राम
ॐ नमः

인도 불교의 성지 녹야원에서 만난 스님들

▲ 성지 순례 오신 스님과 함께 촬영했다. 어느 나라에서 오신 분인지 기억이 안 난다.

인도에서의 또 다른 만남

▲ 인도 전통악기 연주자의 모습.

▲
자이푸르에 도착해 머물던 라마다 호텔의 도어맨. 이분의 수염을 펼쳐놓으면 1m가 넘는다.
사진을 자세히 보면 수염을 땋아서 핀으로 꽂아놓으셨다.

▲ 시골 마을에서 만난 아저씨.

▲ 경전 읽는 할머니.

▲ 세상은 넓고 갈 곳은 많고 시간은 짧다고 외치며 두 팔 벌려 넓은 세상을 꿈꾸는 힐러리.

인도의 수도 델리

▲ 인디아게이트의 모습.

◀ 델리 승리의 탑에서
만난 경찰이다.

▲ 진정한 행복이 무엇인가? 자유로운 영혼, 풍요로운 삶. 눈은 웃고 있지만 창살 안의 갇혀 있는 영혼인가?

▲ 인도 여행의 마지막을 생각하게 해준 인디아게이트 공원 일몰 속의 자유로운 영혼의 개.

인도를 여행하며 나에게 많은 것을 생각하게 했던 두 장의 사진이다.

인도 여행을 마치며

2010년 9월 23일의 일몰을 인디아게이트 공원에서 볼 수 있었다.
델리는 내가 여행한 인도가 아닌, 또 다른 인도다. 지금까지 내가 보고 느낀 인도는 너무 마음을 아리게 했고 그냥 눈을 질끈 감아 피하고만 싶었던 장면들이 많았다. 하지만 델리는 전혀 달랐고 교통체증과 풍요로운 삶을 느낄 수 있었다.
델리에서 만난, 자유롭게 다니는 여러 마리의 떠돌이 개들이 주인과 함께 산책 나온 개를 위협하니 주인이 돌을 들어 녀석들을 쫓아낸다.
그 모습을 보고 가만히 생각해보았다. 보호받고 풍요를 누리지만 목줄에 매여 이끌려 가는, 주인 있는 개가 행복할까. 아니면 조금은 못 먹고 힘들게 살아도 누구의 간섭도 받지 않는 자유로운 개가 행복할까?
아마도 현대인의 실상과 같지 않을까. 끊임없이 삶에 이끌려 살아가는 도심 속의 현대인. 못 먹고 헐벗고 내 집 한 칸 없이 보자기 하나면 모든 것이 해결되는 도심 밖 자유로운 영혼의 인도인.
어떤 것이 행복하다는 말은 할 수가 없는 듯하다. 모든 행복의 중심은 내 안에 있다고 생각하며 많은 것을 느끼게 해주고 소중한 여행기를 쓰게 해준 8박 9일의 인도여행을 마무리한다.

2010년 9월 24일 돌아오는 비행기 안에서 힐러리

P.S.

사람들이 물어본다. 지금까지 다녀본 여행지 중에 어디가 제일 기억에 남느냐고.
나는 주저 없이 인도라고 답한다.

여행기를 마치며

1992년 현대 사진 교실에서 처음으로 사진을 접하고 1993년 1월 현대 사진 동호회에 입회해 사진을 배우게 되면서 30대에 참 열심히 사진 촬영을 다녔습니다. 그 당시 저의 작은 목표였던 한국 사진작가 협회에 입회하기 위해 공모전에 사진 출품도 하고 촬영 대회도 찾아다닌 결과, 8년이 지난 2001년에 한국 사진작가 협회 인천지회에 입회하게 되었습니다.

사진은 저의 인생에서 떼려야 뗄 수 없는 여행 친구가 되었습니다. 이제는 카메라를 안 가지고 떠나는 여행은 상상할 수도 없습니다. 덕분에 외롭지 않고 든든한 친구와 여행하고 있습니다.

카메라와 함께했던 즐거운 여행 사진과 여행기로 글을 쓰면서 뿌듯함을 느낍니다. 가끔은 긴 해외여행을 하면서 체력적으로 힘이 들기도 하였고, '아, 카메라가 나에게 작은 족쇄가 되기도 하네'라는 생각이 들 때도 있었지만, 손이 떨리고 다리가 아파 못 걸을 때까지 영원한 나의 든든한 친구 카메라와 여행의 모든 순간을 함께하려고 합니다.

2010년 인도 여행부터 힐러리 포토 여행기를 쓰기 시작했습니다. 지금까지 사진 출사 갈 때마다 사진을 정리하여 저의 인터넷 카페에 힐러리 포토 여행기를 쓰고 있습니다.

2001년부터는 제가 운영하는 악기사를 이전하며 더 바쁘게 되었고, 또 저의 인생 동반자라 외치는 음악과 밴드 활동에 온 열정을 바치면서 사진 활동은 혼자서 일 년에 두세 번 해외여행을 하면서 촬영하는 것으로 만족해야만 했습니다. 그렇게 20여 년 동안 40대에서 50대를 보냈습니다.

2019년, 인생의 큰 고비를 넘으며 너무도 바쁘게 지낸 시간을 조금 내려놓고 저에게 주어지는 자유 시간을 가지게 되었습니다. 2021년에는 인천대 평생교육원 사진예술지도사 과정에 입학하며 사진에 대한 열정이 다시 솟아나 또 다른 사진 세계를 열어가고 있습니다.

함께 공부하며 나에게 열정을 열어주신 송미영 교수님, 그리고 인천대 학우님들과 좋은 사진 친구의 연을 맺은 주미연, 최송옥 님. 모든 분들께 감사드립니다. 저에게 사진을 처음 지도해주신 이정웅, 김진성 두 분 선생님께 진심으로 감사드리며 건강하게 오래도록 사진 제자가 열심히 살아가는 모습 꼭 지켜봐주세요. 저의 책을 만드는 데 많은 도움을 주신 장영진 선생님께 감사드리고, 오상석 선생님께도 감사드립니다.

그리고 저의 여행기에 자주 등장하는, 나의 사랑하는 강아지 다미가 저하고 16년 살고 19살이 되어 2022년 5월에 무지개다리를 건넜습니다. 하늘나라에서도 힐러리 아줌마 많이 생각하고 즐겁게 뛰어놀기를 기도합니다.

저의 여행기는 여기서 마무리하지만 이것이 끝이 아니라 지금부터가 시작이라고 생각합니다. 『고독 속에 열정을 담다 수니의 유럽, 인도 여행』 여행기를 읽어주신 모든 독자님께 감사드립니다.

서순희(힐러리)

다음 카페 '허리우드 뮤직갤러리 - 화려한 외출 밴드'

https://cafe.daum.net/Azoommaband/IXUK/279?svc=cafeapi